普通高等教育"十二五"规划教材 公共课系列

高级语言程序设计 Visual Basic 实训

刘立群 刘 冰 周 颖 主编

刘 哲 邹丽娜 杨林姣 宋 倬 副主编

科学出版社

北 京

内 容 简 介

本书是《高级语言程序设计 Visual Basic》（刘立群等主编，科学出版社出版）的配套教材，全书包括实验篇和习题篇。实验篇是根据教程中知识点精心设计的上机实验内容，并设有综合实验部分，要求学生通过完善程序代码后，经过调试运行实现程序功能；习题篇中的知识要点对主教材知识点进行概括，实战测试给出主教材中相应章节的测试题，并在答案与解析中给出参考答案。本书中所有教学资源，包括教材中实例的源程序及各章节电子讲义，可从科学出版社网站（www.abook.cn）下载。

本书结构清晰、内容丰富、通俗易学、实例充足，既可以作为高等学校 Visual Basic 程序设计课程的配套教材使用，也可以作为参加全国计算机等级考试人员备考的复习材料。

图书在版编目（CIP）数据

高级语言程序设计 Visual Basic 实训/刘立群，刘冰，周颖主编. —北京：科学出版社，2012

（普通高等教育"十二五"规划教材·公共课系列）

ISBN 978-7-03-033034-5

Ⅰ.①高… Ⅱ.①刘… ②刘… ③周… Ⅲ.①BASIC 语言-程序设计-高等学校-教材 Ⅳ.①TP312

中国版本图书馆 CIP 数据核字（2011）第 261845 号

责任编辑：陈晓萍　宋　丽／责任校对：马英菊
责任印制：吕春珉／封面设计：东方人华平面设计部

科 学 出 版 社 出版
北京东黄城根北街16号
邮政编码：100717
http://www.sciencep.com

双青印刷厂 印刷
科学出版社发行　各地新华书店经销
*
2012 年 1 月第　一　版　　开本：787×1092　1/16
2012 年 1 月第一次印刷　　印张：11　1/2
字数：270 000

定价：21.00 元
（如有印装质量问题，我社负责调换〈双青〉）

销售部电话 010-62142126　编辑部电话 010-62134021

前　　言

　　Visual Basic（VB）是一种由微软公司开发的包含协助开发环境并支持事件驱动的可视化编程语言，它源自于 BASIC 编程语言。VB 拥有图形用户界面（GUI）和快速应用程序开发（RAD）系统，可以轻易地使用 DAO、RDO、ADO 连接数据库，或者轻松地创建 ActiveX 控件。程序员可以轻松地使用 VB 提供的组件快速建立一个应用程序。由于它功能强大、容易掌握，不仅被许多大专院校列入了教学计划，并且已经作为全国计算机等级考试二级的考试科目之一。

　　为了满足各院校开设 Visual Basic 程序设计课程的需要，适应学生参加国家二级考试的要求，我们紧紧围绕全国计算机等级考试二级考试大纲，结合大纲要求编写组织知识点，针对二级考试中笔试和上机考试的不同形式和要求，在积累和总结多年从事二级考试辅导教学经验的基础上，以 Visual Basic 6.0 中文版为语言背景，编写了《高级语言程序设计 Visual Basic》和《高级语言程序设计 Visual Basic 实训》。

　　《高级语言程序设计 Visual Basic》作为主教材，共分 13 章，包括认识 Visual Basic、设计简单的 Visual Basic 应用程序、Visual Basic 程序设计基础、数据输出与输入、程序设计的基本控制结构、常用标准控件、数组、过程、图形操作、键盘与鼠标事件、菜单设计、文件、通用对话框设计。内容覆盖了二级考试的全部知识点，并且对每一个重要知识点都设计了相应的程序设计实例，强化对核心知识点的理解，引导学生通过对具体案例的学习和实践掌握程序设计方法。

　　本书是《高级语言程序设计 Visual Basic》的辅助教材，包括两篇：实验篇和习题篇。实验篇不仅给出实验目的和实验内容，而且力求将启发、创新引入实验过程，因此设置了综合实验部分，要求学生通过完善程序代码后，经过调试运行实现程序功能。习题篇中的知识要点。对主教材知识点进行概括，实战测试给出主教材中相应章节的测试题，并在答案与解析中给出参考答案。

　　本书可以作为高等学校 Visual Basic 程序设计课程的配套教材，也可作为参加全国计算机等级考试人员的自学和辅导教材。

　　全书由刘立群、刘哲、刘冰、邹丽娜、周颖、杨林姣、宋倬共同编写，由刘立群统稿。

　　尽管我们尽了最大努力，但由于编者水平有限、经验不够丰富，书中难免存在不足之处，敬请广大读者批评指正。

刘立群

2011 年 10 月

目　录

第1篇　实　验　篇

第 2 篇　习　题　篇

第 ① 篇

实 验 篇

第 1 章　认识 Visual Basic

实验　VB 集成开发环境

1. 实验目的

熟悉 VB 的启动和退出。
熟悉 VB 的集成开发环境。

2. 实验内容

（1）尝试用多种方法启动 VB。
① 利用"资源管理器"或"我的电脑"，找到可执行文件 VB6.exe，双击文件名启动。
② 在桌面上建立启动 VB 的快捷方式。
【提示】启动 Windows 后，通过"资源管理器"或"我的电脑"在 VB 的安装目录下找到 VB6.exe。

鼠标移到 VB6.exe 图标上，右击鼠标，在弹出的快捷菜单中选择"发送到|桌面快捷方式"。
③ 利用"开始"菜单中"程序"命令，在程序组中找到可执行文件 VB6.exe 并启动。
（2）用以下几种方法退出 VB。
① 选择"文件 | 退出"命令。
② 单击主窗口右上角的"关闭"按钮。
③ 按下 Alt+Q 键。
【提示】退出 VB 时，如果对工程窗体及事件过程进行过修改，则系统弹出如图 1.1 所示的对话框。此时，选择"是（Y）"表示要对所作修改进行保存；选择"否（N）"表示不保存所作的修改，直接退出 VB 环境。

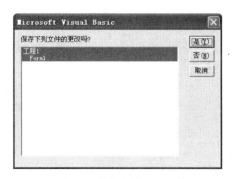

图 1.1　文件保存对话框

（3）观察 VB 环境中的各窗口组成。

① 打开 VB 6.0 后，参见主教材 1.3 节图 1.2，熟悉 VB 集成开发环境的各窗口组成。

② 用适当方法调整各窗口在主窗口中位置。

【提示】找到主窗口中"工程资源管理器"、"属性窗口"、"窗体窗口"和"工具箱"。各窗口都是浮动窗口，拖动窗口的标题栏，可以调整窗口的位置。

（4）打开和关闭"工程资源管理器"窗口。

① 观察"工程资源管理器"窗口中列出的文件。

· 工程文件（.vbp）。

· 窗体文件（.frm）。

【提示】还可以有其他类型的文件，如标准模块文件（.bas）、类模块文件（.cls）等。

② 关闭"工程资源管理器"窗口。

· 单击"工程资源管理器"窗口右上角的"关闭"按钮🗙。

· 用鼠标右击窗口的标题栏，在弹出菜单中选择"关闭"命令。

③ 再次打开"工程资源管理器"窗口。

· 单击工具栏上的"工程资源管理器"按钮🖻。

· 选择"视图 | 工程资源管理器"命令。

· 按下 Ctrl+R 键。

【提示】"工程资源管理器"窗口也称为"工程窗口"。

（5）打开和关闭"窗体设计器"窗口。

单击"窗体设计器"窗口的"关闭"按钮🗙，可以关闭窗体。再次打开窗体的方法如下。

① 在"工程资源管理器"窗口中双击要打开的窗体。

② 在"工程资源管理器"窗口中选择要打开的窗体，单击"查看对象"按钮🖽。

③ 按下 Shift+F7 键。

【提示】还可以选择"视图 | 对象窗口"命令打开"窗体设计器"窗口。

（6）打开和关闭"属性"窗口。

单击"属性"窗口的"关闭"按钮🗙，可以关闭窗口。重新打开窗口的方法如下。

① 单击工具栏上的"属性窗口"按钮🖹。

② 选择"视图 | 属性窗口"命令。

③ 按下 F4 键。

（7）打开和关闭"工具箱"窗口。

单击"工具箱"窗口的"关闭"按钮🗙，可以关闭该窗口。重新打开窗口的方法如下。

① 单击工具栏上的"工具箱"按钮🛠。

② 选择"视图 | 工具箱"命令。

第 2 章　设计简单的 Visual Basic 应用程序

实验一　设计具有清除和结束功能的简单加法器

1. 实验目的

了解控件的建立方法。
了解属性的设置方法。
了解代码的编写方法。

2. 实验内容

项目分析： 程序运行结果如图 2.1 所示。程序运行后，分别在用户界面中的"数 1"和"数 2"两个文本框中输入一个任意的数，单击"相加"命令按钮，将会在"和"文本框中显示两个数相加的结果。单击"清除"命令按钮，将清除三个文本框中显示的内容；单击"退出"命令按钮，则结束程序。

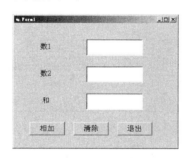

图 2.1　运行结果

项目设计：
（1）启动 VB。
（2）新建一个"标准 EXE"的工程。
【提示】选择"文件 | 新建工程"命令，在"新建工程"对话框中选择"标准.EXE"，然后单击"确定"按钮。
（3）设计用户界面。
① 在窗体上添加三个标签 Label1、Label2、Label3，三个文本框 Text1、Text2、Text3，三个命令按钮 Command1、Command2、Command3。
【提示】单击工具箱中的控件图标，然后将鼠标指针移到窗体上，当鼠标指针变成十字形时，按住鼠标左键向右下角拖拽成适合大小的长方形时，松开鼠标左键。

② 移动和缩放窗体上的控件，使用户界面看起来更整齐。

【技巧】大小和位置大致调整好后，同时选定多个控件，然后选择"格式｜统一尺寸｜两者都相同"、"格式｜水平间距｜相同间距"、"格式｜垂直间距｜相同间距"，使选定的多个控件的尺寸统一，水平、垂直间距相等。

（4）设置对象属性。按表 2.1 在属性窗口中分别设置控件的属性。

【提示】单击窗体上的某一控件，则属性窗口显示的就是该控件的属性列表。

双击属性窗口左列栏中的 Caption 属性，将其属性的当前值改为指定值。

表 2.1　属性设置

对　象	属　性	属性值
Label1	Caption	数 1
	Font	Arial　常规　四号
Label2	Caption	数 2
	Font	Arial　常规　四号
Label3	Caption	和
	Font	Arial　常规　四号
Text1	Text	空
	Font	Arial　常规　四号
Text2	Text	空
	Font	Arial　常规　四号
Text3	Text	空
	Font	Arial　常规　四号
Command1	Caption	相加
	Font	Arial　常规　四号
Command2	Caption	清除
	Font	Arial　常规　四号
Command3	Caption	退出
	Font	Arial　常规　四号

【技巧】单击选中一个控件，按住 Shift 键，单击剩余的所有控件，双击属性窗口左列栏中的 Font 属性，在打开的"字体"对话框中将字体设置为"Arial"，字形设置为"常规"，字号设置为"四号"。这种方法可以为一组控件设置相同属性。

（5）编写事件驱动代码。

① 打开代码窗口。

【提示】命令按钮的事件是鼠标单击，鼠标单击触发的事件过程实现的功能分别是相加、清除和结束运行。

【技巧】双击命令按钮，即可打开代码窗口。

【思考】还有其他打开代码窗口的方法吗？参见主教材 2.2.3 节。

② 添加代码。分别选择对象 Command1、Command2 和 Command3 及其 Click 事件。在代码窗口输入下面的程序语句。

```
Private Sub Command1_Click()
    Text3.Text = Val(Text1.Text)+ Val(Text2.Text)
```

```
End Sub
Private Sub Command2_Click()
    Text1.Text = ""
    Text2.Text = ""
    Text3.Text = ""
End Sub
Private Sub Command3_Click()
    End
End Sub
```

【提示】系统启动了"自动列出成员"功能，则在代码中输入一个控件名并跟有一个句点时，将自动列出下拉列表显示这个控件的属性及方法。此时键入属性名的前几个字母，就可以从下拉列表中选中该属性名，按 Tab 键即可完成输入。

语句 Text1.Text = ""，用来清除文本框中内容，此处的""为空字符（引号中无空格）。

End 语句是关键词，功能是结束程序运行返回 VB 环境。

代码中的字母及标点都应为英文状态下输入。

【思考】输入代码的过程中注意观察语句颜色的变化，如果故意将 Text 写成 Ttxt，结果如何？

③ 查看代码。

【提示】在代码窗口的左下角有两个按钮，如果选择左边的"过程查看"按钮，则代码窗口中只显示当前过程代码；如果选择右边的"全模块查看"按钮，则代码窗口中显示当前模块中所有过程的代码。

④ 关闭代码窗口。

（6）保存文件。

单击工具栏中"保存工程"按钮 ，或选择菜单"文件 | 保存工程"命令，将先后弹出两个保存对话框，第一个为"文件另存为"对话框，用来保存窗体文件，如图 2.2 所示。在文件名位置输入"简单加法器"，然后单击"保存"按钮。

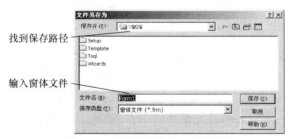

图 2.2 "文件另存为"对话框

第二个对话框为"工程另存为"对话框，用来保存工程文件，如图 2.3 所示。在文件名位置输入"简单加法器"，然后单击"保存"按钮。

【提示】通过上面的保存过程可以看出这个程序保存需要两个文件，分别是窗体文件（简单加法器.frm）和工程文件（简单加法器.vbp）。下一次打开程序时，可以直接双击该程序的工程文件（简单加法器.vbp）即可。

路径默认与窗体
文件路径相同

输入工程文件名

图 2.3　"工程另存为"对话框

【说明】如果对已保存的程序再次进行了修改（包括界面和代码），需要保存程序，可以单击工具栏中"保存工程"按钮🖫，此时不会弹出保存对话框，系统会将所作修改直接在原有文件上进行更新。

【思考】如何将工程和窗体分别保存副本（另存为）？

（7）运行程序。

【提示】单击工具栏上的启动按钮▸，运行程序。

选择"运行 | 启动"命令、或按下 F5 键都可以运行程序。

运行过程中发生错误，则需要程序调试，参见主教材 2.2.4 节。

（8）打开工程。

程序调试运行后，关闭 VB 窗口。如果要对程序进行再次修改，则要打开工程文件。尝试用下述三种方法打开工程文件。

① 单击工具栏上的"打开工程"按钮🖼。

② 从"文件"菜单中选择"打开工程"命令。

③ 按下 Ctrl+O 键。

此三种方法均可打开"打开工程"对话框，如图 2.4 所示。

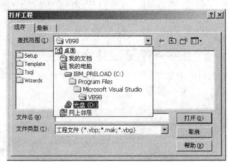

图 2.4　"打开工程"对话框

【提示】在打开工程对话框中的"现存"选项卡中，选择查找范围，找到刚刚保存的工程文件（简单加法器.vbp），单击"打开"按钮。

（9）生成可执行文件。

要使程序能在 Windows 环境下直接运行，就必须创建可执行文件。

【提示】选择"文件 | 生成简单加法器.exe"命令。

在 Windows 环境下运行时，只需在"资源管理器"中找到该文件，双击该文件名即可。

（10）退出 VB。

【提示】选择"文件 | 退出"命令，即可退出 VB 环境。

如果程序未做保存，系统会提示保存。

（11）查找刚刚存盘的程序。

【提示】通过"资源管理器"或"我的电脑"，可以看到如图 2.5 所示的图标。

图 2.5 程序文件图标

实验二 标签的使用

1．实验目的

掌握标签属性的使用。

2．实验内容

项目说明：设计一个程序，在窗体上添加一个标签 Label1。通过设置窗体和标签的属性（在属性窗口中设置，不编写代码），实现如下功能。

窗体的标题为"设置标签属性"；标签的位置距窗体左边界 500，距窗体顶边界 300；标签的标题为"上机实验"；标签可以根据标题的内容自动调整大小；标签带有边框。程序运行界面如图 2.6 所示。

项目分析：窗体和标签的标题属性都是 Caption 属性，标签的位置由 Top 和 Left 属性决定。标签自动调整大小需要设置 AutoSize 属性，边框需设置 BorderStyle 属性。

项目设计：

（1）创建界面。在窗体 Form1 上添加一个标签 Label1。

（2）设置属性。在属性窗口中设置属性，如表 2.2 所示。

图 2.6 运行界面

表 2.2 属性设置

对 象	属 性	属性值
Form1	Caption	设置标签属性
Label1	Caption	上机实验
	Left	500
	Top	300
	AutoSize	True
	BorderStyle	1

实验三　文本框的使用

1．实验目的

掌握文本框的属性、事件和方法。

2．实验内容

项目说明： 设计一个程序，程序设计界面如图 2.7 所示。程序运行时，在第一个文本框 Text1 中输入每一个字符时，立即在第二个文本框 Text2 中显示相同的内容。文本框的字体均为"隶书"。

项目分析： 文本框的字体属性可以在属性窗口设置。当在 Text1 中输入字符时发生 Text1 的 Change 事件，在此事件过程中使 Text2 的 Text 属性与 Text1 相同。

项目设计：

（1）创建界面。在窗体上添加两个文本框。

（2）设置属性。将 Text1 和 Text2 的 Font 属性中选择字体为"隶书"。将两个文本框的 Text 属性设置为空。

【提示】可以通过属性窗口对其进行设置。

（3）编写代码。

```
Private Sub Text1_Change()
  Text2.Text = Text1.Text
End Sub
```

（4）运行程序。程序运行后在 Text1 中输入"程序设计"，结果如图 2.8 所示。

【思考】将本例中的事件代码改为窗体的单击事件时（代码如下），程序执行结果有什么不同？

```
Private Sub Form_Click()
  Text2.Text = Text1.Text
End Sub
```

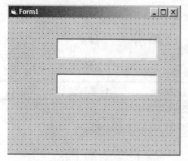

图 2.7　创建界面

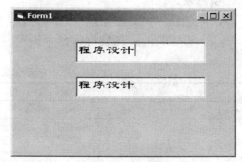

图 2.8　运行界面

实验四　设计单词测试器

1. 实验目的

掌握标签、文本框、命令按钮和窗体的属性。

2. 实验内容

项目说明：编写单词测试器程序。

当程序运行时，在文本框中输入英文单词，然后单击"确认"按钮或按 Enter 键，程序会判断输入单词是不是"apple"。如果输入正确则将显示"Good!"，错误则显示"Try again!"。

当单击"退出"按钮或按 Esc 键时，退出程序。程序运行结果如图 2.9 所示。

图 2.9　单词测试器界面设计及运行结果

项目设计：

（1）创建界面。在窗体上添加三个标签（Label1～Label3）、一个文本框（Text1）、两个命令按钮（Command1、Command2）。

（2）设置属性。属性设置如表 2.3 所示。

表 2.3　属性设置

对　　象	属　　性	属　性　值
Label1	Caption	这是一个测试
	Font	楷体、粗体、二号
Label2	Caption	请输入苹果的英文单词：
Label3	Visible	False
	Font	楷体、粗体、小初
Command1	Caption	确定(&Y)
	Default	True
	BackColor	&H00FF80FF&
	Font	小三
Command2	Caption	退出(&Q)
	Cancel	True
	BackColor	&H00FF80FF&
	Font	小三
Text1	Text	空
Form1	Caption	单词测试器
	BackColor	&H00FFC0C0&

（3）编写代码。

```
Private Sub Command1_Click()
    If Text1.Text = "apple" Then
        Label3.Caption = "Good!"
    Else
        Label3.Caption = "Try again!"
    End If
    Label3.Visible = True
End Sub
Private Sub Command2_Click()
    End
End Sub
```

（4）运行程序。尝试用下面三种方式分别运行程序。

① 运行程序后输入单词，单击"确定"按钮测试单词，单击"退出"结束程序。

② 运行程序后输入单词，按 Enter 键测试单词。

③ 运行程序后输入单词，按 Alt+Y 键测试单词，按 Alt+Q 键结束程序。

实验五　窗体的属性事件方法

1. 实验目的

掌握窗体的属性、事件和方法。

2. 实验内容

项目说明：设计一个程序，程序设计界面如图 2.10 所示。程序运行时，会自动在窗体中加载一幅图片；单击"移动"按钮，会将窗体移动到屏幕的左上角；单击"变大"按钮，可以将窗体的宽度和高度各增大到原来的三倍。

项目分析：Move 方法可以移动对象，同时改变对象的大小尺寸。本例中实现的是窗体的移动和增大，Move 方法同样可以用于其他对象。要在窗体中自动加载图片应在窗体的 Load 事件修改 Picture 属性。

图 2.10　界面设计及运行结果

项目设计：

（1）创建界面。在窗体上添加两个命令按钮。

（2）设置属性。按表 2.4 设置对象属性。

表 2.4　属性设置

对　象	属　性	属性值
Command1	Caption	移动（&M）
Command2	Caption	变大（&L）
Form1	Caption	窗体的事件和方法

（3）编写代码。

```
Private Sub Form_Load()
    '为窗体自动加载图片，图片文件在工程文件所在文件夹
    Form1.Picture = LoadPicture("lovely.jpg")
End Sub
Private Sub Command1_Click()
    '将窗体移动到屏幕左上角，大小不变，后面的两个参数可省略
    Form1.Move 0, 0
End Sub
Private Sub Command2_Click()
    '窗体位置不变，高度宽度增大，前面的参数不可省略
    Form1.Move Form1.Left, Form1.Top, Form1.Width * 3, Form1.Height * 3
End Sub
```

（4）运行程序。

第 3 章 Visual Basic 程序设计基础

实验 常用标准函数和表达式

1. 实验目的

掌握 VB 数据类型的概念。
掌握常量的概念。
掌握变量的概念。
掌握常用标准函数的形式、功能和用法。
掌握各种运算符的功能、表达式的构成以及表达式中运算符的运算顺序。

2. 实验内容

（1）利用下列函数测试常用标准函数的功能。

```
Abs(-25)
Round(5.1256,3), Round (0.55),Round(0.46)
Int(1.9), Int (1.3),Int(-2.5)
Fix(3.125), Fix (2.98) , Fix (-2.6)
LTrim(" good ") ,RTrim(" good "),Trim(" good ")
Left("abcdefg",4),Right("abcdefg",4), Mid("abcdefg",2,3)
Len("I am a student"),Len("中国")
String(3, "a"),String(3,"abc"),String(3,97)
"a"+Space(3)+ "b"
InStr("Basic Database", "Bas"), InStr(3," Basic Database ", "Bas",1)
Val("123ab4") ,Val("56.83*4") ,Val("26.4e7"),Str(825.6)
Date,Time,Now
Year(Date), Month(Date), Day(Date)
```

【提示】以上函数均可直接在"立即窗口"中测试，方法如下。

① 选择"视图|立即窗口"命令，打开"立即"窗口。一般在打开 VB 时，"立即"窗口会随之在屏幕下方打开。

② 输入 Print 或 "?"，并输入函数表达式，按 Enter 键即可在下一行输出运算结果，如图 3.1 所示。

③ "立即"窗口中的语句可以被复制、剪切、粘贴和删除。

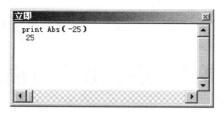

图 3.1　"立即"窗口

（2）按下列要求编写表达式，并在"立即"窗口中用 Print 方法测试表达式的值。

从字符串"Visual Basic 6.0"中截取子字符串"Basic"

　　　　　　　　　　　　　　　　　'Mid("Visual Basic 6.0",8,5)

将 123.4567 四舍五入为整数　　　　'Round(123.4567)

产生由 3 个"$"组成的字符串　　　　'String(3,"$")

产生 1～100 之间的随机整数　　　　'Int((100*Rnd)+1)

（3）将下列数学表达式改写为 VB 合法的表达式。

2a(7+b)　　　　　　　　　　　　'2*a*(7+b)

$8e^3 \ln 2$　　　　　　　　　　　　'8*exp(3)*log(2)

$5+(a+b)^2$　　　　　　　　　　　'5+(a+b)^2

$|3yx^2|$　　　　　　　　　　　　'Abs(3*y*x^2)

（4）在"立即"窗口中用 Print 方法测试下列表达式的运算顺序及表达式的值。

```
4 ^ 3 Mod 3 ^ 3 \ 2 ^ 2
"Visual"+"Basic"
"Visual"&"Basic"
Not "abc"<"abd"
3<5 And "a"="A"
"abc"<>"ABC" Or 2>1
Not "Abc"="abc" Or 2+3<>5 And "23"<"3"
#2001-02-03# - #2001-02-02#
Int(12345.6789 * 100 + 0.5) / 100
```

（5）将下列条件表示为关系表达式或逻辑表达式。

10 可以被 2 整除　　　　　　　　　　'10 Mod 2 = 0

x 大于等于 1 并且小于 10　　　　　　'x>=1 And x<10

n 是小于 20 的偶数　　　　　　　　　'n<20 And n Mod 2 = 0

x，y 其中至少有一个小于 z　　　　　'x<z Or y<z

第 4 章 数据输出与输入

实验 Print 方法、InputBox 函数和 MsgBox 函数的使用

1. 实验目的

掌握 Print 方法的使用。
掌握与 Print 方法相关的函数的使用。
掌握 InputBox 函数的使用。
掌握 MsgBox 函数和 MsgBox 语句的使用。

2. 实验内容

（1）利用 Print 方法输出下列内容。

① 在窗体 Form1 上添加一个命令按钮 Command1，用于显示数值型表达式的值，程序代码如下。

```
Private Sub Command1_Click()
  x =10 : y =20
  Print x + y
  Print "x+y=" ; x + y
End Sub
```

运行结果如图 4.1 所示。

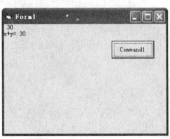

图 4.1 运行结果

② 在窗体 Form1 上添加一个命令按钮 Command2，用于显示字符型表达式的值，程序代码如下。

```
Private Sub Command2_Click()
  Print "Hello" ; "China"
  Print "Hello" , "China"
End Sub
```

运行结果如图 4.2 所示。

【思考】观察输出的分隔符不同，输出格式的变化。

③ 在窗体 Form1 上添加一个命令按钮 Command3，编写如下程序代码。

```
Private Sub Command3_Click()
  Print 3 / 2 * 4, "Visual" & "Basic", Not 2 < 3
  Print 5 / 3, Left("Visual Basic", 6), "abc" > "acd"
End Sub
```

运行结果如图 4.3 所示。

图 4.2 运行结果

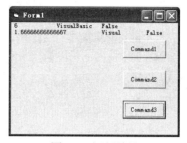

图 4.3 运行结果

（2）利用下面程序测试与 Print 方法相关的函数的作用。

```
Private Sub Form_Click()
    Print "学号"; Tab(10); "姓名"; Tab(19); "成绩"
    Print "0001"; Spc(5); "张力"; Spc(5); "100"
    Print "0002" + Space(5) + "李明" + Space(5) + "98"
    Print "0003"; Tab(10); "刘丹"; Spc(5); "95"
End Sub
```

运行结果如图 4.4 所示。

【提示】Tab 函数与 Spc 函数的参数意义不同，Tab(n)表示在第 n 列输出内容，Spc(n) 表示跳过 n 列输出内容。Space(n)可以产生 n 个空格，与前两个函数的调用格式不同。

（3）有如下事件过程，但程序代码不完整，请将程序代码中的"??"改写为正确内容，使得运行程序后，单击窗体，在第一行输出字符串"123456789"作为参考位置，在后面三行的第一列、第五列、第九列输出"＊"，运行结果如图 4.5 所示。要求第二行使用 Tab 函数，第三行使用 Spc 函数，第四行使用 Space 函数控制输出"＊"的位置。

```
Private Sub Form_Click()
    Print "123456789"      '输出一行参考位置
    Print  ??              '使用 Tab 函数控制输出第一、五、九列"*"的位置
    Print  ??              '使用 Spc 函数控制输出第一、五、九列"*"的位置
    Print  ??              '使用 Space 函数控制输出第一、五、九列"*"的位置
End Sub
```

图 4.4 运行结果

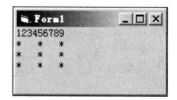

图 4.5 运行结果

（4）利用下面程序测试 Format 函数的功能。

```
Private Sub Form_Click()
    a = Sqr(8)
```

```
Print Format(a, "00.000")
Print Format(a, "##.###")
Print Format(a, "00.###")
Print Format(a, "#,#.###")
Print Format(a, "$00.###")
Print Format(a, "-00.000")
Print Format(a, "##.##%")
Print Format(a, "#.##E+##")
End Sub
```

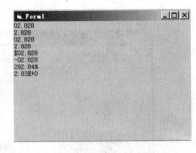

图 4.6　运行结果

运行结果如图 4.6 所示。

举一反三：将 a=sqr(8)改为 a=sqr(4)，观察程序运行结果。

（5）有如下事件过程，但程序代码不完整，请将程序代码中的"??"改写为正确内容，使得运行程序后，单击窗体，首先声明三个整型变量 x、y、z，然后依次显示两个输入框，如图 4.7 所示，分别输入 x 和 y 的值，再计算 z 的值（z 为 x 与 y 的和），最后输出 x、y、z 的值，输出格式如图 4.8 所示。

```
Private Sub Form_Click()
    Dim x%, y%, z%
    x= InputBox("输入 x ")        '利用输入框输入 x 的值
    y= ??                         '利用输入框输入 y 的值
    z = x + y
    Print "x=" ; x                '输出 x 的值
    ??                            '输出 y 的值
    ??                            '输出 z 的值
End Sub
```

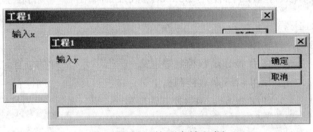
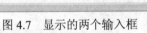
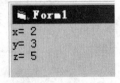

图 4.7　显示的两个输入框

图 4.8　输出结果

举一反三：为什么要将三个变量定义为整型？如果不定义数据类型会得到什么输出结果？

（6）有如下事件过程，利用 InputBox 函数输入圆的半径，计算圆的面积并输出。要求输入框的标题为"计算圆面积"，提示信息为"请输入圆的半径："。程序代码并不完整，请将程序代码中的"??"改写为正确内容。

```
Private Sub Form_Click()
    Dim r, s
```

```
    r=??                        '利用输入框输入半径 r 的值
    s = 3.14159 * r * r         's 存放圆的面积
    Print "圆的半径: ", r
    Print "圆面积为: ", s
End Sub
```

（7）有如下事件过程，但程序代码不完整，请将程序代码中的"??"改写为正确内容，使得运行程序后，单击窗体，显示一个消息框，如图 4.9 所示，在消息框上选择某个按钮后，输出消息框的返回值，输出格式如图 4.10 所示。

```
Private Sub Form_Click()
    x =??              '显示消息框
    Print ??           '输出消息框的返回值
End Sub
```

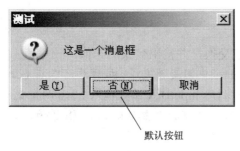

默认按钮

三次单击窗体，每次选择
消息框上的不同按钮

图 4.9　消息框　　　　　　　　　　图 4.10　输出结果

【提示】显示消息框的 MsgBox 函数格式为 MsgBox(提示信息,按钮类型,标题)。

"按钮类型"参考主教材 4.3 节。程序运行时，多次单击窗体，选择消息框上的不同按钮，观察返回值的变化。

举一反三：将上题中 MsgBox 函数的参数修改为下面的形式，并观察消息框的变化。

```
MsgBox("这是一个消息框", 0+16+0, "测试")
MsgBox("这是 个消息框", 3+64+256, "测试")
```

（8）有如下事件过程，但程序代码不完整，请将程序代码中的"??"改写为正确内容，使得运行程序后，单击窗体，显示如图 4.11 所示的消息框。

```
Private Sub Form_Click()
    x = ??             '显示消息框
End Sub
```

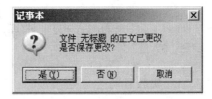

图 4.11　消息框

第5章 程序设计的基本控制结构

实验一 赋 值 语 句

1. 实验目的

掌握赋值语句的一般格式、功能及使用。
掌握顺序结构程序的概念。

2. 实验内容

输入 a、b 的值，然后将两个变量的值交换，并输出交换后的值。

【提示】交换两个变量的值，需要借助一个中间变量完成。该程序可以在 Form_Click 事件中编写，需要定义三个变量 a、b、t，利用 InputBox 函数输入 a、b 两个变量的值。将 a 赋值给 t，b 赋值给 a，t 赋值给 b，即可完成交换，然后输出 a、b 的值。

程序代码如下。

```
Private Sub Form_Click()
    Dim a, b, t
    a = InputBox("请输入 a 的值")
    b = InputBox("请输入 b 的值")
    t = a
    a = b
    b = t
    Print "a="; a, "b="; b
End Sub
```

实验二 分 支 结 构

1. 实验目的

掌握选择结构程序的设计方法。
掌握 If 语句、Select Case 语句的功能及用法。

2. 实验内容

（1）输入系数 A、B、C 的值，并求一元二次方程 $AX^2+BX+C=0$ 的根。注意：程序

中 "??" 部分需要改写为正确的程序代码。

【提示】输入系数 A、B、C 的值后，判断 B2-4AC 的值如果大于或等于零，则求根，否则没有实根。例如：输入 A=1、B=4、C=4，则 X1=-2，X2=-2。

程序代码如下。

```
Private Sub Form_Click()
    Dim a As Integer, b As Integer, c As Integer
    a = InputBox("输入系数 a")
    b = InputBox("输入系数 b")
    c = InputBox("输入系数 c")
    d = b * b - 4 * a * c
    If d >= 0 Then
        X1 = ??
        X2 = ??
        Print X1, X2
    End If
End Sub
```

（2）输入三个数 x、y、z，如果它们能作为三角形的三个边（任意两边之和大于第三边），则求该三角形的面积，否则输出错误信息。求面积公式为 $s=\sqrt{p(p-x)(p-y)(p-z)}$，其中 p 为周长的一半。

```
Private Sub Form_Click()
    Dim x!, y!, z!
    Dim p!, s!
    x = InputBox("please input x :")
    y = InputBox("please input y :")
    z = InputBox("please input z :")
    If  ??  Then
        p = (x + y + z) / 2
        s - ??
        Print "三角形的面积为："; s
    Else
        Print x; y; z; "不能构成三角形"
    End If
End Sub
```

（3）利用输入框输入一个 0~6 的整数，然后根据输入的数值输出对应的是星期几，例如，输入为 0，则输出星期日；输入为 3，则输出星期三。

【提示】本题适合使用 Select Case 语句设计分支结构。

程序代码如下。

```
Private Sub Form_Click()
Dim num As Integer
```

```
    num = InputBox("输入一个 0～6 的整数")
Select Case  ??
  Case 0
    Print "星期日"
    '----- 请将程序编写完整-----
    ??
    '-----------------------
  Case Else
    Print "输入错误！"
End Select
End Sub
```

（4）设某单位收取水费的规定是：每月用水量<=10 吨时，每吨按 0.32 元计费；用水量<=20 吨时，超过 10 吨的部分每吨按 0.64 元计费；用水量超过 20 吨时，超过 20 吨部分每吨按 0.96 元计费，编写求水费的程序。

```
Private Sub Form_Click()
    Dim w As Single, x As Integer
    w = InputBox("请输入用水量")
    Select Case w
      Case  ??<= 10
        x = w * 0.32
      Case  ?? <= 20
        x = 0.32 * 10 + (w - 10) * 0.64
      Case  ??
        x = 0.32 * 10 + 0.64 * 10 + (w - 20) * 0.96
    End Select
    Print "应付水费为:", x
End Sub
```

（5）设计一个程序，在文本框每输入一个字符，则立即判断：若为大写字母，则将它的小写字母形式显示在 Label1 中；若为小写字母，则将它的大写字母形式显示在 Label1 中；若为其他字符，则把该字符直接显示在 Label1 中。输入字母总数显示在 Label2 中，运行结果如图 5.1 所示。请将程序代码中的"??"修改为正确的语句，并运行。

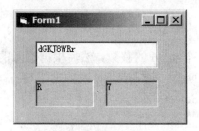

图 5.1　运行结果

① 界面设计，向窗体 Form1 中添加一个文本框 Text1，两个标签 Label1 和 Label2，

将文本框的 Text 属性设置为空，两个标签的 Appearance 属性设置成"1-3D"效果，如图 5.1 所示。

② 程序代码如下。

【提示】判断字母是大写还是小写，可以通过其 ASCII 码的范围确定，也可以直接利用字符串的比较判断。UCase()函数可将小写字母转换成大写字母，LCase()函数可将大写字母转换成小写字母。

```
Dim n                                        '定义 n 为模块变量，用来统计字母总数
Private Sub Text1_Change()
   Dim ch As String
   ch = Right( ?? )                          '截取文本框中右侧入的一个字符
   If ch >= "A" And ch <= "Z" Then
     n = n + 1
     Label1.Caption = LCase(ch)
   ElseIf ch >= "a" And ch <= "z" Then
     n = n + 1
     Label1.Caption = ??                     '将小写字母转换成大写字母
   Else
     Label1.Caption = Right(Text1, 1)  '直接显示该字符
   End If
   Label2.Caption = ??                       '显示字母总数
End Sub
```

实验三 单循环控制结构

1. 实验目的

掌握单循环结构程序的程序设计方法。

掌握 For 语句、Do 语句和 While 语句的功能及用法。

2. 实验内容

（1）求 8 的阶乘（8! = 1×2×3×…×8）。

【提示】求阶乘与求和的设计思想是一致的，一个变量控制循环，另一个变量存储乘积。

程序代码如下。

```
Private Sub Form_Click()
   Dim i As Integer, t As Long
      ??               '为 t 赋初始值
   For i = 1 To 8
      ??
   Next
```

```
        Print "T="; t
    End Sub
```

举一反三：编写求 n! 的程序。

（2）求 0～100 之间的所有奇数的和。

```
Private Sub Form_Click()
    Dim i As Integer, s As Integer
    s = 0
    For i = 1 To 100  ??                    '循环步长为2
        ??
    Next
    Print s
End Sub
```

另一种方法如下。

```
Private Sub Form_Click()
    Dim i As Integer, s As Integer
    s = 0
    i = 0
    Do While i <= 100
        If i Mod 2 <> 0 Then
            s = s + i
        End If
        i = i + 1
    Loop
    Print s
End Sub
```

举一反三：用 Do Until…Loop 语句改写该程序。

（3）输入一系列数，直到输入 0 为止，统计其中正数和负数的个数。

```
Private Sub Form_Click()
    Dim i%, num1%, num2%
    num1 = 0
    num2 = 0
    Do
        i = InputBox("请输入一个正数或负数，输入 0 时结束统计")
        If i > 0 Then
            ??                          '统计正数个数放入 num1 中
        ElseIf i < 0 Then
            ??                          '统计负数个数放入 num2 中
        End If
    Loop Until  ??
```

```
    Print "正数的个数为："; num1
    Print "负数的个数为："; num2
End Sub
```

（4）求 1～100 之间既能被 2 整除又能被 7 整除的数的和及其个数。

```
Private Sub Form_Click()
    Dim s%, k%, i%
    For i = 1 To 100
      If  ??  Then
        s =??                         '求和
        k =??                         '统计个数
      End If
    Next i
    Print "满足条件的个数为"; k
    Print "和为"; s
End Sub
```

（5）编写程序求 S＝12＋22＋…＋1002。

使用 Do While...Loop 语句，程序代码如下。

```
Private Sub Form_Click()
    Dim n As Integer, s As Long
    n = 1: s = 0                      '两个语句写到一行，中间用冒号隔开
    Do While n <= 100
      s = s +??                       '求平方和
      ??                              '改变 n 的值
    Loop
    Print "s="; s
End Sub
```

程序运行结果：s=338350。

（6）编写程序求 S＝1！＋2！＋…＋8！。

【提示】

```
1! =1
2! =1*2
3! =1*2*3
4! =1*2*3*4
...
```

求这些阶乘的和，可以在每次循环时边求阶乘边累加。

```
Private Sub Form_Click()
    t=1
    s=0
    For i = 1 To 8
```

```
        t = ??                              't 用于求每个数的阶乘
        s =??                               's 用于求和
     Next i
     Print "s="; s
  End Sub
```

（7）设计一个程序，向文本框中输入任意一串英文字母，统计文本框中字母"A"、"H"、"M"的个数。单击"统计"命令按钮，则统计文本框中字母"A"、"H"、"M"各自出现的次数，并依次放入变量 x，y，z 中，单击"显示"按钮则将其显示在标签中，运行结果如图 5.2 所示。下列程序已给出部分代码，请将程序代码中的"??"修改为正确的语句，并运行。

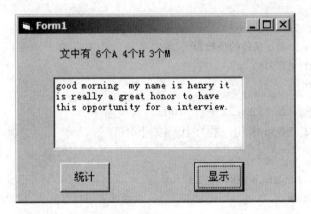

图 5.2　运行结果

① 设计界面：向窗体 Form1 中添加一个标签 Label1，一个文本框 Text1 和两个命令按钮 Command1 及 Command2。

② 设置属性：将 Text1 的 Multiline 属性设置为 True，Label1 的 AutoSize 属性设置为 True，Command1 的 Caption 属性设置为"统计"，Command2 的 Caption 属性设置为"显示"。

③ 程序代码。

```
     Dim x%, y%, z%
     Private Sub Command1_Click()
       For i = 1 To Len(Text1.Text)
         c = UCase(Mid(??))
         Select Case ??
           Case "A"
             x = x + 1
           Case ??                          '判断是否为字母 H
             ??                             '统计字母 H 的个数
           Case "M"
             z = z + 1
         End Select
```

```
        Next
    End Sub
    Private Sub Command2_Click()
        Label1.caption="文中有"+str(x)+ "个A" + str(y)+ "个H" + str(z)+ "个M"
    End Sub
```

实验四　双循环控制结构及算法

1. 实验目的

掌握双循环结构程序的程序设计方法。
掌握 For 语句、Do 语句和 While 语句的功能及用法。

2. 实验内容

（1）输入下面的程序，观察双重循环的循环控制变量的变化过程。

```
Private Sub Form_Click()
    Dim i%, j%
    For i = 1 To 3
      For j = 1 To 3
        Print i, j
      Next
    Next
End Sub
```

（2）利用双重循环输出如图 5.3 所示的三角形。第一行的星号前面有九个空格。

图 5.3　运行结果

```
Private Sub Form_Click()
    Dim i As Integer, j As Integer
    For i = 1 To 6
      Print Spc( ?? );
      For j = 1 To  ??
        Print "*";
```

```
        Next j
        Print
      Next i
  End Sub
```

举一反三：如何输出倒三角形？

（3）输出斐波那契数列的前 20 项。斐波那契数列是这样定义的，数列的前两项是 0 和 1，以后每项均为其前两项的和，即依次为 0，1，1，2，3，5，8，13，21，…。

```
Private Sub Form_Click()
    Dim a%, b%, i%
    a = 0
    b = 1
    Print a
    Print b
    For i = 3 To 20
      c = a + b
      Print c
      a = b
      b = c
    Next i
End Sub
```

（4）勾股定理中三个数的关系是 $a^2 + b^2 = c^2$。例如，3、4、5 就是一个满足条件的整数组合（注意：a，b，c 分别为 4，3，5 与分别为 3，4，5 被视为同一个组合，不应重复计算）。编写程序，统计三个数均在 20 以内满足上述关系的整数组合。

【提示】 此题需要采用"穷举法"求解，即对所有可能解，逐个进行试验，若满足条件，就得到一组解；否则，继续测试，直到循环结束为止。其算法如下：利用三重循环列举出 a，b，c 所有可能的解，每次循环都测试条件 $a^2 + b^2 = c^2$ 是否成立，条件成立，则找到一组合适的解。

程序代码如下。

```
Private Sub Form_Click()
  For a = 1 To 20
    For b = 1 To 20
      For c = 1 To 20
        If a ^ 2 + b ^ 2 = c ^ 2 and b>a Then
            Print a;b;c
        End If
      Next
    Next
  Next
End Sub
```

程序运行结果如下。

```
3   4   5
5   12  13
6   8   10
8   15  17
9   12  15
12  16  20
```

举一反三：用穷举法输出 1～1000 之间的"水仙花数"。

【提示】"水仙花数"是一个三位数，其各位数的立方和等于该数本身，如 $153 = 1^3 + 5^3 + 3^3$。

（5）用 100 元买 100 只鸡，母鸡 3 元 1 只，小鸡 1 元 3 只，问各应买多少只?

【提示】下面采用"穷举法"来解此题。

设母鸡为 x 只，小鸡为 y 只，根据题意可知：$y = 100 - x$。

开始先让 x 初值为 1，则 y 为 99，测试条件 3x+y/3=100 是否成立，以后 x 逐次加 1，依次测试。

程序代码如下。

```
Private Sub Form_ Click()
    Dim x As Integer, y As Integer
    For x = 1 To 30
        '-------请完成以下程序的编写--------------------
            ??
        '------------------------------------------
    Next x
End Sub
```

程序运行结果：

```
母鸡数为：25
小鸡数为：75
```

（6）判断整数 m 是否为素数。下列程序给出部分代码，请将程序代码中的"??"修改为正确的语句，并运行。

【提示】一个合数总有一个小于等于 sqr(m) 的因子，因此判断 m 是否能被 2 到 sqr(m) 或 m/2 间的整数整除即可。

程序代码如下。

```
Private Sub Form_Click()
    Dim i As Integer, m As Integer
    m = InputBox("请输入一个数")
    For i = ?? To Sqr(m)
        If  ??  Then
            Exit For
```

```
        End If
    Next
    If i > m/2 Then
        Print m; "是素数"
    Else
        Print m; "不是素数"
    End If
End Sub
```

（7）找出 100 以内所有的素数。

【提示】设计双重循环，外循环变量从 2～100，内循环测试每一个数是否为素数。程序代码如下。

```
Private Sub Form_Click()
    Dim i As Integer, m As Integer
    For m = 2 To 100
        '-------请完成以下程序的编写--------------------
        ??
        '--------------------------------------------
        If i = m Then
            Print m
        End If
    Next
End Sub
```

第 6 章　常用标准控件

实验一　单选钮、复选框和框架

1. 实验目的

掌握单选钮、复选框、框架的使用方法。

2. 实验内容

编写可以格式化字体的程序。

项目分析：程序运行时，在"字体外观"框架中选择一个或多个复选框，在"字体名称"框架中选择一种字体，在"字体颜色"框架中选择一种前景颜色，可以使文本框中的文本格式按所选择的参数进行设置。

项目设计：

（1）创建界面。在窗体中添加一个文本框、两个命令按钮和三个框架，在第一个框架中有四个复选框，在另外两个框架中各添加四个单选钮，界面设计如图 6.1 所示。在框架中添加控件的方法参见主教材 6.2.1 节中的例 6.2。

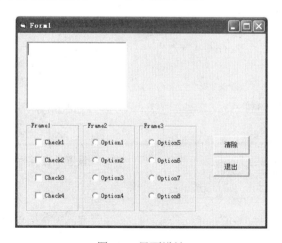

图 6.1　界面设计

（2）设置属性。在属性窗口中将 Text1 的 MultiLine 属性值设为 True，其他各控件的属性设置通过 Form_Load 事件过程中的语句来实现，包括在文本框中显示一首诗（部分），两个命令按钮的标题分别设置为"清除"和"退出"，三个框架的标题分别设置为"字体外观"、"字体名称"和"字体颜色"，并为每个复选框和单选钮设置相应的标题。

（3）编写代码。下面给出的程序代码不完整，请将程序中带"??"的地方改为正确内容，使其实现注释语句中所述的功能。不必修改程序中的其他部分和其他属性。

```
Private Sub Form_Load()
    c1 = Chr(13) + Chr(10)                'c1 赋值为回车换行符
    Caption = "文本框格式化"
    '在文本框中写 4 行诗句
    Text1.Text = "好雨知时节" & c1 & "当春乃发生" & c1 & "随风潜入夜" & c1_
    & "润物细无声"
    '设置各框架中单选钮和复选框的标题 Frame1.Caption = "字体外观"
    Check1.Caption = "粗体"
    Check2.Caption = "斜体"
    Check3.Caption = "下划线"
    Check4.Caption = "中划线"
    Frame2.Caption = "字体名称"
    Option1.Caption = "宋体"
    Option2.Caption = "黑体"
    Option3.Caption = "隶书"
    Option4.Caption = "幼圆"
    Frame3.Caption = "字体颜色"
    Option5.Caption = "红色"
    Option6.Caption = "蓝色"
    Option7.Caption = "绿色"
    Option8.Caption = "黑色"
    '设置命令按钮的标题
    Command1.Caption = "清除"
    Command2.Caption = "退出"
End Sub
Private Sub Check1_click()
    ?? = Check1.Value                     '设置是否为粗体
End Sub
Private Sub Check2_click()
    ?? = Check2.Value                     '设置是否斜体
End Sub
Private Sub Check3_click()
    ?? = Check3.Value                     '设置是否有下划线
End Sub
Private Sub Check4_click()
    ?? = Check4.Value                     '设置是否有删除线
End Sub
Private Sub Command1_Click()
    Text1.Text = ""                       '清空文本框
End Sub
```

```
Private Sub Command2_Click()           '结束程序运行
    End
End Sub
Private Sub Option1_Click()
    Text1.FontName = ??                '设置宋体
End Sub
Private Sub Option2_Click()
    Text1.FontName = ??                '设置黑体
End Sub
Private Sub Option3_Click()
    Text1.FontName =??                 '设置文本为隶书
End Sub
Private Sub Option4_Click()
    Text1.FontName = ??                '设置文本为幼圆
End Sub
Private Sub Option5_Click()
    Text1.ForeColor = vbRed            '设置文本为红色
End Sub
Private Sub Option6_Click()
    Text1.ForeColor = ??               '设置文本为蓝色
End Sub
Private Sub Option7_Click()
    Text1.ForeColor = ??               '设置文本为绿色
End Sub
Private Sub Option8_Click()
    Text1.ForeColor = ??               '设置文本为黑色
End Sub
```

（4）运行程序，结果如图 6.2 所示。

（5）调试运行后保存程序。

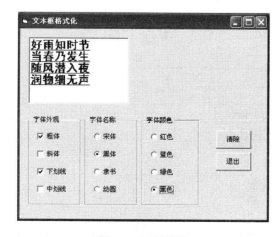

图 6.2   运行结果

实验二 滚动条的使用方法

1. 实验目的

掌握框架的使用方法。

掌握滚动条的使用方法。

掌握滚动条的 Change 事件。

2. 实验内容

编写一个可以设置文本颜色和字号的程序。

项目分析：程序运行时，用户单击"背景色"后调节水平滚动条，可以改变文本框的背景颜色；单击"前景色"后调节水平滚动条，可以改变文本框的前景色；调节垂直滚动条，可以改变文本框的字号。本程序中使用了颜色函数 QBColor（参数），参数值由 0～15，分别代表 16 种颜色，如 QBColor(2)将返回绿色的颜色值。

项目设计：

（1）创建界面。在窗体中添加一个文本框、两个框架，在其中的一个框架中添加两个单选钮和一个水平滚动条,在另一个框架中添加一个标签和一个垂直滚动条，如图 6.3 所示。

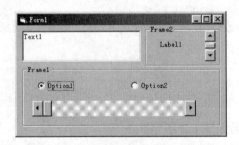

图 6.3　界面设计

（2）设置属性。各对象的属性设置如表 6.1 所示。

表 6.1　属性设置

控件名称	属性名称	属性设置值
Text1	Text	设置背景色、前景色、字号
Frame1	Caption	颜色
Frame2	Caption	字号
Option1	Caption	背景色
Option2	Caption	前景色
HScroll1	Min	0
	Max	15
VScroll1	Min	5
	Max	15

（3）编写代码。下面给出的程序代码不完整，请将带 "??" 的地方改为正确的语句，使其能够完成实验所述的功能。不必修改程序中的其他部分和其他属性。

```
'当调节水平滚动条时，触发该滚动条的 Change 事件代码如下
Private Sub HScroll1_Change()
    If ?? = True Then
        Text1.BackColor = QBColor(??)
    Else
        Text1.ForeColor = QBColor(??)
    End If
End Sub
'当调节垂直滚动条时，触发该滚动条的 Change 事件代码如下
Private Sub VScroll1_Change()
    Label1.Caption = Str(VScroll1.Value) & "号"
    Text1.FontSize = ??
End Sub
```

（4）运行程序，结果如图 6.4 所示。

图 6.4　运行结果

实验三　列表框的使用方法

1. 实验目的

掌握列表框的使用方法。

2. 实验内容

项目分析：窗体上有两个列表框，名称为 List1、List2，通过属性窗口在 List2 中已经添加了列表项。有两个命令按钮，名称分别为 C1、C2，标题分别为 "添加"、"清除"，如图 6.5 所示。程序的功能是在运行时，如果选中右边列表框中的一个列表项，单击 "添加" 按钮，则把选中的列表项移到左边的列表框中；若选中左边列表框中的一个列表项，单击 "清除" 按钮，则把该项移回右边的列表框中。

项目设计：

（1）创建界面。在窗体中添加两个列表框、两个命令按钮。

（2）设置属性。各对象的属性设置如表 6.2 所示。

表 6.2　属性设置

控件名称	属性名称	属性设置值
List2	List	如图 6.5 所示添加列表框
Command1	Name	C1
	Caption	添加
Command2	Name	C2
	Caption	清除

（3）编写代码。下面给出的程序代码不完整，请将带 "??" 的地方改为正确语句，使其能够完成实验所述功能。不必修改程序的其他部分和其他属性。

```
Private Sub C1_Click()
    Dim k As Integer
    k = 0
    While(k < List2. ??)
        If ??.Selected(k) = True Then
            List1.AddItem List2.Text
            List2.RemoveItem ??
        End If
        k = k + 1
    Wend
End Sub
Private Sub C2_Click()
    List2.AddItem List1.Text
    List1.RemoveItem List1. ??
End Sub
```

（4）运行程序，结果如图 6.6 所示。

（5）调试运行后保存程序。

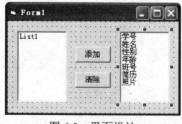

图 6.5　界面设计

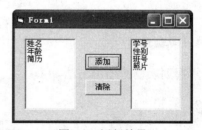

图 6.6　运行结果

实验四　组合框的使用方法

1. 实验目的

掌握组合框的使用方法。

2. 实验内容

项目分析：窗体上有一个组合框和一个命令按钮，如图 6.7 所示。程序的功能是在运行时，如果在组合框中输入一个项目并单击命令按钮，则搜索组合框中的项目，如无此项，则将此项添加到组合框中；如已有此项，则弹出提示："已有此项"，然后清除输入的内容。

项目设计：

（1）创建界面。在窗体中添加一个命令按钮、一个组合框。

（2）设置属性。将命令按钮标题属性设置为"添加"，清空组合框的 Text 属性。

（3）编写代码。下面给出的程序代码不完整，请将带"？？"的地方改为正确语句，使其实现注释语句所述的功能。不必修改程序的其他部分和其他属性。

```
Private Sub c1_Click()
    Dim flag As Boolean
    For i = ?? To Cb1.ListCount - 1
        If Cb1.List(i) = Cb1.?? Then
            flag = True
        Else
            flag = False
        End If
    Next
        If flag Then
            MsgBox "已有此项"
            Cb1.Text = ""
        Else
            Cb1.?? Cb1.Text
        End If
End Sub
```

（4）运行程序，结果如图 6.8 所示。

（5）调试运行后保存程序。

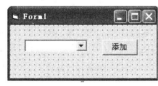

图 6.7 窗体界面设计

图 6.8 运行结果

实验五 计时器的使用方法

1. 实验目的

掌握计时器控件的使用方法。

2．实验内容

设计在窗体上显示变色板的程序。

项目分析：程序运行时，色板的颜色每隔一定时间改变一次颜色，单击"停止"按钮停止改变颜色，单击"开始"按钮又重新开始改变颜色。

项目设计：

（1）创建界面。在窗体上添加一个标签、一个计时器、两个命令按钮。如图 6.9 所示。

（2）设置属性。计时器的 Interval 属性设置为 400，两个按钮的名称属性值分别为 Command1、Command2，Caption 属性值分别为"开始"、"停止"。

（3）编写代码。下面给出的程序代码不完整，请将带"??"的地方改为正确语句，使其实现注释语句所述的功能。不必修改程序的其他部分和其他属性。

```
'模块变量，用于保存颜色参数
Dim i As Integer
'启动计时器的程序代码如下
Private Sub Command1_Click()
    ??                                  '开始变色
End Sub
'关闭计时器的程序代码如下
Private Sub Command2_Click()
    ??                                  '停止变色
End Sub
'改变颜色的程序代码如下
Private Sub ??
    i = i + 1                           '颜色参数值加 1
    If i = 16 Then i = 0                '如果颜色参数超过了 15 要恢复到 0
    Label1.BackColor = QBColor(i)       '把标签的背景色设置为新的颜色
End Sub
```

（4）运行程序，结果如图 6.10 所示。

（5）调试运行后保存程序。

【技巧】因为 QBColor() 函数的参数只能取 0～15 之间的整数，所以本程序中的颜色参数 i 每次加 1 后都要测试一下是否超过了 15，如果超过了 15 就要返回到 0，语句 If i = 16 Then i = 0 就起到此作用。另外，语句 i=i+1 和 If i = 16 Then i = 0 可以一起被替换为 i=(i+1) mod 16。

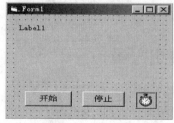

图 6.9　界面设置

图 6.10　运行结果

第7章 数　　组

实验一　一　维　数　组

1. 实验目的

掌握数组的定义方法。

掌握利用循环对数组的操作。

2. 实验内容

（1）定义一个含有五个元素的数组 A，用 InputBox 函数为数组元素输入下列值：2、8、–3、15、7，然后将数组元素值输出到窗体上。

【提示】数组定义时若使用默认下标则定义为 Dim A(4)即可，也可以自定义数组起始下标，如 Dim(1 to 5)，只要保证数组元素个数正确就可以，但也要考虑使用数组时是否方便。

程序代码如下。

```
Private Sub Form_Click()
    Dim A(4)
    Dim i As Integer
    For i = 0 To 4
        A(i)= ??
    Next i
    For i - 0 To 4
        Print A(i);
    Next i
End Sub
```

（2）定义一个含有五个元素的数组 A，并从 A(1)开始分别赋值为数列{1,2,3,4,5}的相应元素，即 A(1)=1，A(2)=2，…，然后将数组元素值输出到窗体上。

【提示】因数组的下标默认从 0 开始，所以定义数组 A(5)，为了对应数组下标与数列元素的关系，所以从 A(1)开始操作，或者直接定义为 Dim A(1 to 5)。

程序代码如下。

```
Private Sub Form_Click()
    Dim A(1 to 5)
    Dim i As Integer
```

```
     For i = 1 To 5
        ??                    '为数组元素赋值
     Next i
     For i=1 To 5
        ??                    '输出数组元素
     Next i
  End Sub
```

举一反三：用同样的方法完成下列任务（B、C、D 均需要先定义为数组）。

为数组 B 赋值为数列{1,3,5,7,9}；
为数组 C 赋值为数列{2,4,6,8,10}；
为数组 D 赋值为数列{1,4,9,16,25}。

（3）输入某小组五个同学的成绩，计算总分和平均分（保留一位小数）。

【提示】利用 InputBox 函数来输入成绩，然后计算总分和平均分，再用 Print 直接在窗体上输出结果。

程序代码如下。

```
Private Sub Form_Click()
    Dim d(5) As Integer
    Dim i As Integer, total As Single, average As Single
    For i = 1 To 5
        d(i)=Val(InputBox("请输入第"&Str(i)&"个学生的成绩", "输入成绩"))
    Next i
    total = 0
    For i = 1 To 5
        ??                        '求和
    Next i
    average = total / 5
    Print "总分: " & total
    Print "平均分: " & Format(average, "##.0")
End Sub
```

（4）从 10 个数中挑出最大数。下列程序给出部分代码，请将程序代码中的"??"修改为正确的语句，并运行。

程序代码如下。

```
Option Base 1
Private Sub Command1_Click()
  Dim a(10), Start as integer, Finish as Integer, j as Integer
  Start=LBound(a)
  Finish=UBound(a)
  For j = Start To Finish
    a(j) = Val(InputBox("请输入一个数", "数组输入"))
    Print a(j);
```

```
      Next j
      Print
      m =??
      For j = Start To Finish
        If a(j) > m Then ??
      Next j
      Print "max = ";??
    End Sub
```

（5）将含有 10 个元素的一维数组转置，即将数组首尾元素交换，a(1)与 a(10)交换，a(2)与 a(9)交换……a(5)与 a(6) 交换。

```
      Option Base 1
      Private Sub Command1_Click()
        Dim a
        a = Array(10, 1, 2, 4, 14, 5, 6, 9, 15, 17)
        For i = 1 To 10           '输出原始数组
          Print a(i);
        Next
        For i = 1 To ??           '元素前后对应交换
          '-----请完成以下程序--------------
          ??
          '-----------------------------
        Next
        Print
        For i = 1 To 10           '输出转置后数组
          Print a(i);
        Next
      End Sub
```

（6）两个数组求和。数组 A 中包含元素{1,2,3,4,5}，数组 B 中包含元素{2,4,5,1,3}，求两个数组对应元素的和，并存储在数组 C 中。下面只给出算法描述，请编写程序。

算法如下。

```
      Option Base 1
      Private Sub Command1_Click()
        Dim a,b
        Dim c(5)
        A=array(1,2,3,4,5)
        B=array(2,4,5,1,3)
        '-----请完成以下程序--------------
          ??
        '提示：循环求数组 c 元素值为 a、b 数组对应元素的和
        '输出数组 c
```

```
'---------------------------------
End Sub
```

（7）下面程序能够实现将五个数由小到大排序。程序已给出部分代码，请将程序代码中的"??"修改为正确的语句，并运行。

```
Option Base 1
Private Sub Form_Click()
Dim a, t As Integer
  a=Array(1,5,9,3,2)
  For i = 1 To ??
    For j = ?? To 5
      If a(i) ?? a(j) Then
        t = a(i)
        ??
        a(j) = t
      End If
    Next j
  Next i
  For j = 1 To 5
    Print a(j);
  Next j
End Sub
```

实验二　二维数组与控件数组

1. 实验目的

掌握二维数组的定义方法。
掌握利用循环对二维数组的操作。
掌握控件数组的定义及操作。

2. 实验内容

（1）将下面的矩阵用二维数组保存起来，在窗体上添加四个按钮，如图 7.1 所示，按钮功能如表 7.1 所示。
原始矩阵如下。

```
1   2   3   4
5   6   7   8
9   10  11  12
13  14  15  16
```

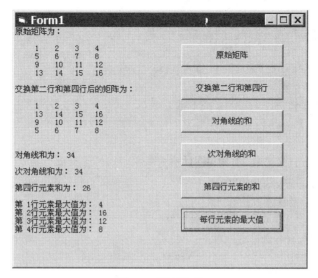

图 7.1 运行结果

表 7.1 按钮属性及其功能描述

名 称	Caption	功 能
Command1	原始矩阵	在窗体上显示原始矩阵
Command2	交换第二行和第四行	交换第二行和第四行后输出到窗体
Command3	对角线的和	计算对角线的和并输出到窗体
Command4	次对角线的和	计算次对角线的和并输出到窗体
Command5	第四行的和	求矩阵第四行所有元素之和并输出到窗体
Command6	每行最大值	求矩阵每行元素的最大值并输出到窗体

【提示】本题需要实现二维数组的输入和输出。定义一个四行四列的数组，并为数组每个元素赋值，所有元素输入完毕后，再将数组元素以行列的形式输出。

对于二维数组的操作一般采用双重循环。

程序代码如下。

```
Option Base 1
Const N = 4
Const M = 4
Dim a(M, N)
'---------为二维数组赋初始值-----------
Private Sub Command1_Click()
   Dim i%, j%, t%
   For i = 1 To N
     For j = 1 To M
       a(i, j) = ??              '利用一个通用表达式计算每个元素的值
     Next j
   Next i
   Print "原始矩阵为："
```

```vb
    Print
    For i = 1 To N
      For j = 1 To M
        Print Tab(5 * j); a(i, j);
      Next j
      Print
    Next i
End Sub
'---------交换第二行和第四行------------
Private Sub Command2_Click()
    For j = 1 To M
      '-----请完成以下程序----------------
        ??
      '------------------------------
    Next j
    Print
    Print "交换第二行和第四行后的矩阵为："
    Print
    For i = 1 To N
      For j = 1 To M
        Print Tab(5 * j); a(i, j);
      Next j
      Print
    Next i
End Sub
'---------求对角线和------------------
Private Sub Command3_Click()
    Dim s%
    Print
    For i = 1 To N
        ??
    Next i
    Print
    Print "对角线和为："; s
End Sub
'---------求次对角线的元素和-----------
Private Sub Command4_Click()
    Dim s%
    For i = 1 To N
        ??
    Next i
    Print
    Print "对角线和为："; s
```

```
End Sub
'----------求第四行元素和-----------------
Private Sub Command4_Click()
    Dim s%
    For j = 1 To M
        ??
    Next j
    Print
    Print "第四行元素和为: "; s
End Sub
'--------求每行元素的最大值----------------
Private Sub Command6_Click()
    Dim max%
    Print
    For i = 1 To N                    '外循环表示行数
        max = a(i, 1)                 '每行开始 max 初值为第一个元素
        For j = 2 To M                '内循环表示每行有几个元素
            If  a(i,j)>Max  then  ??
        Next j
        Print "第" + Str(i) + "行元素最大值为: "; max
    Next i
End Sub
```

（2）设计显示单选钮控件数组标题的程序。

项目分析：程序运行界面如图 7.2 所示。程序在运行时，如果选中一个单选钮后，单击显示命令按钮，则根据单选钮选中的情况在窗体上显示"我的出生地是北京"、"我的出生地是上海"或"我的出生地是广州"。

设计界面：向窗体 Form1 中添加一个命令和三个单选钮组成的控件数组，该数组的名称为 Op1，三个单选钮的 Index 属性值分别为 0、1、2，各控件的 Caption 属性设置如图 7.3 所示。

图 7.2　程序运行界面

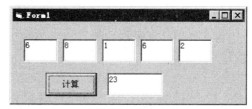

图 7.3　程序运行界面

编写代码如下。

```
Private Sub Command1_Click()
    For i = 0 To 2
        If Op1(i).Value = True Then
            Print "我的出生地是" + ??
```

```
        End If
    Next
End Sub
```

（3）计算由文本框组成的控件数组的和。

项目分析：程序运行界面如图 7.3 所示。程序运行时，五个文本框中自动产生随机数，单击"计算"按钮，则求五个文本框中数值的和，显示在 Text2 中。

设计界面：向窗体添加名称为 Text1 的控件数组，包含五个文本框；再添加 Text2 和 Command1。

编写代码如下。

```
Private Sub Form_Load()                    '为控件数组赋初始值
    Randomize
    For i = 0 To 4
        Text1(i) = Int(Rnd * 10)
    Next
End Sub
Private Sub Command1_Click()               '求控件数组元素的和
    Sum = 0
    For i = 0 To 4
        Sum = Sum + ??
    Next
    ?? = Sum
End Sub
```

实 验 三　综 合 设 计

1．实验目的

利用按钮、文本框、标签等常用控件编写应用程序。

运用数组存储较多的数据。

将求最值、求平均数等算法应用到实用程序中。

2．实验内容

（1）问题的提出：在比赛过程中，由 10 名裁判进行打分，选手的最终得分将由这 10 个分数中去掉一个最高分，再去掉一个最低分后的平均分来决定。所以要设计一个裁判打分系统，可以根据各个裁判的打分，计算出选手最终的得分。程序运行界面如图 7.4 所示。

（2）功能要求：

界面设计美观，字体、颜色协调，窗体不能改变大小。最后得分字体要足够大，方便远处观看。

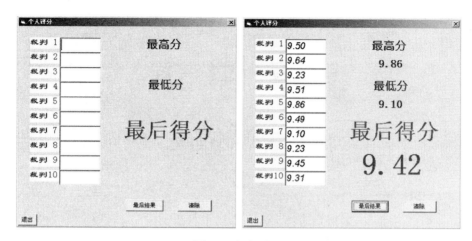

图 7.4 运行结果

程序界面需要有"最后结果"、"清除"、"退出"等功能。

程序运行时,由用户在文本框中输入每个裁判的分数,单击"最后结果"按钮时显示最高分、最低分及最后得分,显示结果要求保留两位小数,如计算结果为 6,则显示6.00。当文本框中有一个以上没输入数字,单击按钮时会提示有裁判没有打分。

"清除"按钮可以将所有裁判分数、最高分、最低分及最后得分清除,清除之前先弹出消息框提示,确认后再清除。清除内容后把光标转移到第一个文本框中。

"退出"按钮可以退出程序。

文本框限制最多输入五个字符。每一个裁判分数限制在 0~10 之间,如果输入超出范围,用消息框提示,并将该文本框清空。

【提示】最高分、最低分及最后得分均使用标签,先设置隐藏,单击按钮时再显示。

将各个文本框中的数字赋给一个数组,或者将 10 个文本框定义为控件数组,利用数组求和、求平均数等。在含有 10 个数值的数组中求最大值和最小值,参考主教材例 7.1。

保留小数位数,参考主教材 Format() 函数。

清除时出现提示,询问是否要清除,根据用户的不同选择执行任务,需要使用MsgBox() 函数。

第8章 过　　程

实验一　过程和自定义函数

1. 实验目的

掌握 Sub 过程的定义及调用方法。
掌握 Function 函数的定义及调用方法。

2. 实验内容

（1）利用 Sub 过程求圆的面积。

```
Private Sub circlearea(r!)
    Dim area As Single
    area = 3.1415 * r ^ 2
    MsgBox "圆的面积是：" & area
End Sub
Private Sub Form_Click()
    Dim x As Single
    x = Val(InputBox("请输入圆半径："))
    circlearea x
End Sub
```

（2）利用 Sub 过程将任意字符串逆序输出。

```
Private Sub reverse(ch As String)
    s = ""
    For k = Len(ch) To 1 Step -1
        s = s & Mid(ch, k, 1)
    Next k
    ch = s
End Sub
Private Sub Form_Click()
    ch$ = InputBox("请输入任意一个字符串")
    Print "任意字符串："; ch
    reverse ch
    Print "逆序字符串："; ch
End Sub
```

（3）向窗体上添加一个文本框，编写自定义函数，使其具有计算 1～100 范围内所有偶数平方和的功能，单击窗体则在文本框内显示运算结果。

```
Function Fun()
    Sum = 0
    For i = 0 To 100 Step 2
        Sum = Sum + i * i
    Next i
    Fun = Sum
End Function
Private Sub Form_Click()
    Text1.text=Fun()
End Sub
```

程序运行结果为：171700。

（4）利用函数过程求三个整数的最大值。

```
Private Function max(x As Integer, y As Integer) As Integer
    If x >= y Then
        max = x
    Else
        max = y
    End If
End Function
Private Sub Form_Click()
    Dim a As Integer, b As Integer, c As Integer, m As Integer
    a = Val(InputBox("输入整数 A", "求最大值"))
    b = Val(InputBox("输入整数 B", "求最大值"))
    c = Val(InputBox("输入整数 C", "求最大值"))
    Print a; b; c
    m = max(max(a, b), c)
    Print " MAX = "; m
End Sub
```

程序运行结果如图 8.1 所示。

图 8.1 运行结果

（5）利用自定义函数 fac()求 1! +2! +…+n!。

```
Private Function fac(n As Integer) As Integer
    Dim i As Integer, f As Integer
    f = 1
    For i = 2 To n
        f = f * i
```

```
      Next i
      fac = f
   End Function
   Private Sub Form_Click()
      Dim n As Integer, s As Integer, j As Integer
      n = InputBox("请输入 n 的值：")
      For j = 1 To n
         s = s + fac(j)
      Next j
      Print "运算结果：", s
   End Sub
```

（6）设计一个程序，运行结果如图 8.2 所示。选定一个单选钮（控件数组），单击"计算"命令按钮后，可以计算出相应的阶乘值，并在文本框中显示该阶乘值。

① 设计界面：向窗体 Form1 中添加一个命令按钮 Command1，一个文本框 Text1和三个单选钮组成的控件数组。该数组的名称为 Op1，三个单选钮的 Index 属性值分别为 0、1、2，文本框 Text 属性为空，各控件的 Caption 属性设置如图 8.2 所示。

② 编写代码。

```
   Function fac(n As Integer)
      Dim k As Integer, t As Long
      t = 1
      For k = 2 To n
         t = t * k
      Next k
      fac = t
   End Function
   Private Sub Command1_Click()
     If Op1(0).Value = True Then
        Text1.Text = fac(10)
     ElseIf Op1(1).Value = True Then
        Text1.Text = fac(11)
     ElseIf Op1(2).Value = True Then
        Text1.Text = fac(12)
     End If
   End Sub
```

（7）运行下面的程序，观察运行结果，并总结按地址传递参数和按值传递参数的区别及用处。

```
   Private Sub Command1_Click()
      Dim a As Integer, b As Integer, c As Integer
      a = 5
      b = 10
      c = 20
      Print "过程调用前a="; a; " b = "; b; " c = "; c
      Call test(3, b, c)
```

```
        Print "过程调用后 a ="; a; " b ="; b; " c = "; c
End Sub
Private Sub test(ByVal x As Integer, ByRef y As Integer, z As Integer)
        Print "传递的参数值 x ="; x; " y ="; y; " z = "; z
        y = 6
        z = x * y
        Print "过程执行时 x ="; x; " y ="; y; " z = "; z
End Sub
```

（8）设计程序调用 FindMin 求数组的最小值。程序运行后在四个文本框中输入数值，单击按钮即可求出最小值。窗体文件及部分代码已给出，但程序不完整，请将程序代码中的"??"改成正确的内容。程序界面如图 8.3 所示。

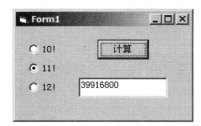

图 8.2　程序运行界面

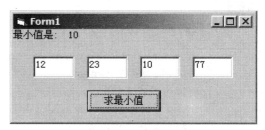

图 8.3　运行结果

程序代码如下。

```
Option Base 1
Private Function FindMin(a() As Integer)
    Dim Start As Integer
    Dim Finish As Integer, i As Integer
    Start = ?? (a)
    Finish = ?? (a)
    Min = ?? (Start)
    For i = Start To Finish
        If a(i) ?? Min Then Min = ??
    Next i
    FindMin = Min
End Function
Private Sub Command1_Click()
    Dim arr1
    Dim arr2(4) As Integer
    arr1=Array(Val(Text1.Text),Val(Text2.Text),Val(Text3.Text),Val(Text4.Text))
    For i = 1 To 4
        arr2(i) = CInt(arr1(i))
    Next i
    M = FindMin(??)
    Print "最小值是: "; M
End Sub
```

（9）设计程序，能完成如下计算。

$$Z=(x-2)!+(x-3)!+(x-4)!+\cdots+(x-N)!$$

程序界面如图 8.4 所示，程序运行时，输入 N 的值为 5，X 的值为 12，计算 Z 的值。

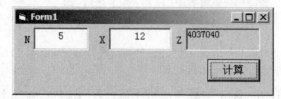

图 8.4　运行结果

窗体文件及部分代码已给出，但程序不完整，请将程序代码中的“??”修改为正确的语句。

程序代码如下。

```
Private Function xn(m As Integer) As Long
  Dim i As Integer
  Dim tmp As Long
  tmp = ??
  For i = 1 To m
    tmp =??
  Next
  ?? = tmp
End Function
Private Sub Command1_Click()
  Dim n As Integer
  Dim i As Integer
  Dim t As Integer
  Dim z As Long, x As Single
  n = Val(Text1.Text)
  x = Val(Text2.Text)
  z = 0
  For i = 2 To n
    t = x - i
    z = z + ??
  Next
  Label1.Caption = z
End Sub
```

实验二　多窗体及变量作用范围

1.　实验目的

掌握多窗体的编程方法。
掌握变量的作用范围。

2. 实验内容

（1）制作一个学习系统的注册及登录界面。

项目说明：这是一个学习系统的注册及登录界面，利用已经学习的内容完成登录界面的部分设计。该工程包含三个窗体，分别为"欢迎"、"注册"和"登录"窗体。三个窗体界面如图 8.5～图 8.7 所示。

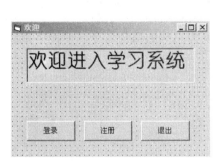

图 8.5　Form1 界面

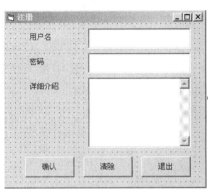

图 8.6　Form2 界面

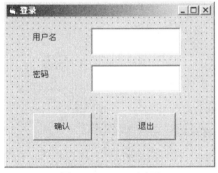

图 8.7　Form3 界面

项目分析：这是一个需要添加多个窗体的程序。首先向工程添加三个窗体，然后分别在每个窗体上添加控件，并设置控件属性。

项目设计：

① 新建工程，系统自动创建 Form1，再向工程添加两个窗体：Form2 和 Form3。

【提示】选择"工程|添加窗体"命令，在弹出的对话框中选择"窗体"，然后单击"打开"按钮，此时"工程管理器"窗口添加了一个新窗体 Form2。

② 创建界面。

在窗体 Form1 中，添加一个标签、三个命令按钮。

在窗体 Form2 中，添加三个标签、三个文本框和三个命令按钮。

在窗体 Form3 中，添加两个标签、两个文本框和两个命令按钮。

③ 设置属性。

所有窗体、标签和命令按钮的 Caption 属性如图 8.5～图 8.7 所示。

文本框的 Text 属性全部为空。

其他属性设置如表 8.1 所示。

表 8.1 属性设置

所属窗体	对 象	属 性	属性值	说 明
Form1	Label1	BorderStyle	1—Fixed	标签有边框
Form2	Text2	PasswordChar	*	以*显示密码
	Text3	MultiLine	True	文本框设置滚动条必须与 MultiLine 属性配合使用
		ScrollBars	2—Vertical	
Form3	Text2	PasswordChar	*	最多允许输入八个字符
		MaxLength	8	

④ 编写代码。请将程序中带 "??" 的部分替换为正确的语句命令，使程序完整。
Form1 中的事件代码如下。

```
Private Sub Command1_Click()
    Form3. ??              '显示 Form3
    ??  Form1              '卸载 Form1
End Sub
Private Sub Command2_Click()
    Form2. ??              '显示 Form2
    ??  Form1              '卸载 Form1
End Sub
Private Sub Command3_Click()
    End
End Sub
```

Form2 中的事件代码如下。

```
Private Sub Command2_Click()
    Text1.Text = ""
    Text2.Text = ""
    Text3.Text = ""
    Text1. ??                '将焦点设置到 Text1 中
End Sub
Private Sub Command3_Click()
    End
End Sub
```

Form3 中的事件代码如下。

```
Private Sub Command2_Click()
    End
End Sub
```

其中，Form2 及 Form3 的 "确认" 按钮未编写程序代码。

⑤ 保存工程。将三个窗体文件和一个工程文件保存在同一路径下。

【提示】单击工具栏中 "保存" 按钮 ■，系统会首先弹出 Form3 保存对话框，修改保存路径以后，单击对话框中"保存"按钮，然后会依次自动弹出 Form2、Form1 和工程 1 保存对话框。

【注意】打开多窗体程序时，一定要从工程文件打开，否则其他窗体无法加载到工程中。

（2）按图 8.8 所示的方法练习常量的声明并测试其作用域。

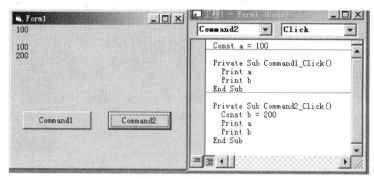

图 8.8　常量的声明

【提示】

① 新建一个工程，在 Form1 窗体中加入两个命令按钮"Command1"和"Command2"。

② 按图 8.8 中代码窗口所示，输入相应代码。注意常量的声明位置，常量 a 在模块的声明段中声明，常量 b 在 Command2_Click()事件过程中声明。

③ 运行程序。先后单击窗体上的命令按钮"Command1"和"Command2"，可以看到四行输出，观察输出内容。其中第二行没有内容，是因为常量 b 仅在 Command2_Click()事件过程中有效。

（3）按图 8.9 所示的方法练习变量的声明，并测试 Dim 和 Static 的区别。

【提示】

① 新建一个工程，在 Form1 窗体中加入命令按钮 Command1。

② 按图 8.9 中代码窗口所示，输入相应代码。

③ 运行程序。多次单击窗体上的命令按钮"Command1"，观察输出内容的变化，并总结两种不同定义方式的区别。

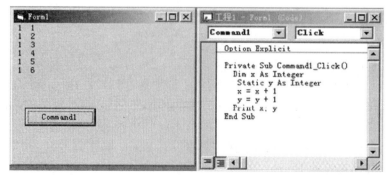

图 8.9　Dim 和 Static 的区别

第9章 图形操作

实验一 形状控件的使用

1. 实验目的

熟悉绘图的方法。
掌握 Line 控件的使用方法。
掌握 Shape 控件的使用方法。

2. 实验内容

（1）设计一个程序，用来在窗体上显示一个等边三角形。

项目设计：

① 创建界面。在窗体上添加三个 Line 控件，名称分别为 Line1、Line2、Line3。

② 设置属性。调整直线的位置，使其显示为三角形。更改 BorderWidth 值，使线的宽度为 3，观察控件的 x1，y1，x2，y2 坐标值。程序运行结果如图 9.1 所示。

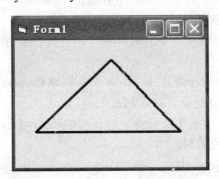

图 9.1　程序运行结果

（2）设计程序，使 Shape 控件实现动态变化。

项目说明：程序运行结果如图 9.2 所示。程序运行后，红色正方形逐渐变小，中心位置保持不变，当正方形大小小于 2000 时静止不动，同时六种控件的几何形状顺序变化。

项目分析：使 Shape 控件显示为正方形需设置 Shape 属性值为 1。要使其大小发生变化，需控制其 Width 和 Height 属性，同时还应调整 Left 和 Top 属性使正方形中心位置不变。另外，还应向程序中添加计时器控件，在 Timer 事件过程中实现 Shape 控件动态变化。

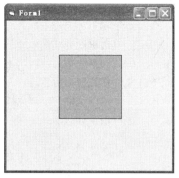 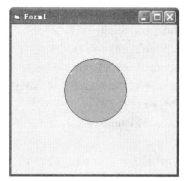

图 9.2 程序运行结果

项目设计：

① 创建界面。新建一个标准 EXE 工程。在窗体中添加一个形状控件和一个计时器。

② 设置属性。各对象的属性设置情况如表 9.1 所示。

表 9.1 属性设置

对 象	属 性	属性值
Shape1	Shape	1
Timer1	Interval	500
	Enabled	True

③ 编写代码。

```
Private Sub Timer1_Timer()
   If Shape1.Width >= 2000 Then
      Shape1.Width = Shape1.Width - 100    '调整宽度和高度,改变形状大小
      Shape1.Height = Shape1.Height - 100
      Shape1.Left = Shape1.Left + 50       '调整 Left,Top 使中心位置不变
      Shape1.Top = Shape1.Top + 50
   Else
      '取余函数使 FillStyle 属性的取值在 0～5 之间
      Shape1. Shape = (Shape1. Shape + 1) Mod 6
   End If
End Sub
```

（3）设计一个程序，用来自动切换窗体中矩形形状的填充图案。

项目分析： 程序运行后会在窗体上显示一个矩形，它的填充模式在八种类型之间切换，每隔 0.5 秒切换一次。程序运行结果如图 9.3 所示。

项目设计：

① 创建界面。在窗体上添加一个形状控件 Shape1，一个计时器控件 Timer1。

② 编写代码。下面给出的程序代码不完整，请将带 "??" 的地方改为正确语句，使其实现注释语句所述的功能。不必修改程序的其他部分和其他属性。

```
Dim i As Integer                          '模块级整型变量，代表填充模式值
Private Sub Form_Load()
```

```
        i = 0
        Shape1.Shape = 0                        '图形为矩形
        Shape1.BorderStyle = 1                  '边框线为实线
        Shape1.BorderColor = RGB(255, 0, 0)     '边框色为红色
        Shape1.FillColor = RGB(0, 0, 255)       '填充色为蓝色
        Timer1.Interval = 500                   '时间间隔为 0.5 秒
        Timer1.Enabled = True                   '启动计时器
    End Sub
    Private Sub Timer1_ ?? ()
        Shape1.FillStyle = i                    '设置填充模式
        ?? = i + 1                              'i 值加 1
        If i = ?? Then i = 0                     '如果 i 大于 7 了，重新恢复为 0
    End Sub
```

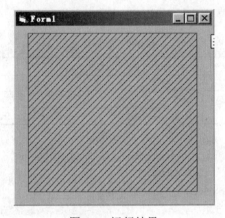

图 9.3　运行结果

实验二　图片框及图像框的应用

1．实验目的

掌握图片框、图像框控件的使用方法。

2．实验内容

设计一个程序，运行结果如图 9.4 所示。在窗体上显示一个图片框，并在图片框内显示图像框，编写适当的事件过程，使得在运行时，每单击一次图片框，就在图片框中输出"单击图片框"，每单击图片框外的窗体一次，就在窗体中输出"单击窗体"，要求程序中不得使用变量，每个事件过程中只能写一条语句。

项目设计：

（1）创建界面。在窗体中添加一个图片框、在图片框内绘制一个图像框。

（2）设置属性。各对象的属性设置如表 9.2 所示。

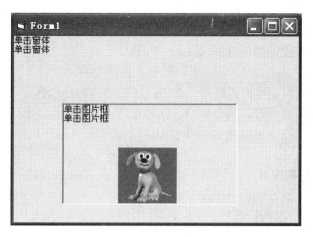

图9.4 运行结果

表9.2 属性设置

对　　象	属　　性	属性值
Picture1	Height	2000
Picture1	Width	2000
Image1	Picture	"dog.jpg"

（3）编写代码。

```
Private Sub Form_Click()
    Print "单击窗体"
End Sub
Private Sub Picture1_Click()
    Picture1.Print "单击图片框"
End Sub
```

【提示】窗体单击事件中的Print语句表示在窗体中显示输出，还可以写成：

```
Me.Print "单击窗体"
Form1. Print "单击窗体"
```

Picture1单击事件中的Print语句表示在图片框Picture1中显示输出，此句中的Picture1不能省略。

实验三　图形控件的使用

1. 实验目的

掌握图形控件的使用方法。
熟悉实现图形控件动态运动的方法。

2. 实验内容

设计一个程序实现圆横向或纵向运动。

项目分析：程序运行结果如图 9.5 所示。窗体上有一个矩形（Shape1）和一个圆（Shape2），程序运行时，单击"开始"按钮，根据选择的单选钮的不同，圆会横向或纵向运动，运动到矩形边界时，圆会弹回，向相反的方向运动。单击"停止"按钮，圆停止运动。在圆运动过程中可以随时改变它的运动方向。

项目设计：

（1）创建界面。在窗体上放置两个形状控件 Shape1 和 Shape2、两个单选钮 Option1 和 Option2、两个命令按钮 Command1 和 Command2 以及一个计时器控件 Timer1。

（2）设置属性。控件的属性设置如表 9.3 所示。

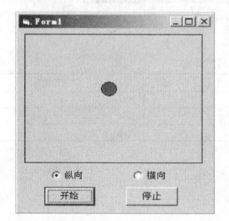

图 9.5　形状控件的运动

表 9.3　属性设置

控件名	属　性	设置值
Shape1	Shape	0
Shape2	Shape	3
Command1	Caption	"开始"
Command2	Caption	"停止"
Option1	Caption	"纵向"
Option2	Caption	"横向"
Timer1	Enabled	False
	Interval	50

（3）编写代码。下面给出的程序代码不完整，请将带"??"的地方改为正确语句，使实现注释语句所述的功能。不必修改程序的其他部分和其他属性。

```
Dim s As Integer        '定义模块级变量 s，控制圆运动增量的符号变化
Private Sub Command1_Click()
   Timer1.Enabled = True
End Sub
```

```
Private Sub Command2_Click()
    Timer1.Enabled = False
End Sub
Private Sub Form_Load()
    s = 1
End Sub
Private Sub Timer1_Timer()
    If ?? Then
      Shape2.Top = Shape2.Top + s * 50
      If Shape2.Top<=Shape1.Top Or Shape2.Top+Shape2.Height>=_
      Shape1. Top + Shape1.Height Then
        s = -s
      End If
    ElseIf Option2 Then
      Shape2.Left = ?? + s * 50
      If Shape2.Left <= ?? Or Shape2.Left + Shape2.Width >= _
      Shape1.Left + Shape1.?? Then
        s = -s
      End If
    End If
End Sub
```

第 10 章 键盘与鼠标事件

实验一 控件的键盘事件

1. 实验目的

熟悉控件的键盘事件。

2. 实验内容

设计程序，利用 KeyDown 事件控制标签 Label1 的位置和大小。

项目说明：当程序运行以后，如果按下光标键（上、下、左、右键），则可以改变标签的位置。当同时按下 Shift 键和 Alt 键放大标签；当同时按下 Shift 键和 Ctrl 键缩小标签。

项目设计：

（1）创建界面。在窗体中放置一个标签。

（2）设置属性。标签背景色设置为白色。

（3）编写代码。

```
'定义符号常量
Const ShiftKey = 1
Const CtrlKey = 2
Const AltKey = 4
'当按下键盘键时，触发以下事件
Private Sub Form_KeyDown(KeyCode As Integer, Shift As Integer)
   Select Case KeyCode
      Case 37                          '37 为向左键的键盘码
       Label1.Left = Label1.Left - 100
      Case 38                          '38 为向上键的键盘码
       Label1.Top = Label1.Top - 100
      Case 39                          '39 为向右键的键盘码
       Label1.Left = Label1.Left + 100
      Case 40                          '40 为向下键的键盘码
       Label1.Top = Label1.Top + 100
   End Select
   If Shift = ShiftKey + AltKey Then
      Label1.Width = Label1.Width + 20
```

```
        Label1.Height = Label1.Height + 20
     End If
     If Shift = ShiftKey + CtrlKey Then
        Label1.Width = Label1.Width - 20
        Label1.Height = Label1.Height - 20
     End If
  End Sub
```

（4）运行程序，结果如图 10.1 所示。

（5）保存程序。

图 10.1　控制标签的位置和大小

实验二　控件的鼠标事件

1. 实验目的

熟悉控件的鼠标事件。

2. 实验内容

（1）设计画直线的程序。

项目说明： 程序运行以后，在窗体上拖动鼠标时将绘制一条直线。程序运行结果如图 10.2 所示。本程序中使用了画线方法 Line，其使用说明详见主教材 9.3.1 节。

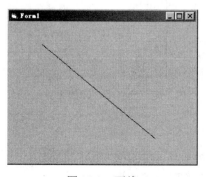

图 10.2　画线

编写代码如下。

```
Dim x1, y1                              '保存线的起点坐标的两个变量
Dim x2, y2                              '保存线的终点坐标的两个变量
```

当按下鼠标键时，触发以下事件。

```
Private Sub Form_MouseDown(Button As Integer, Shift As Integer, _
X As Single, Y As Single)
    '当按下鼠标键时，将起点坐标保存在x1,y1中
    x1 = X
    y1 = Y
End Sub
```

当移动鼠标时，触发以下事件。

```
Private Sub Form_MouseMove(Button As Integer, Shift As Integer, _
X As Single, Y As Single)
    If Button = 1 Then                  '如果按下左键
        Cls                             '删除原来的线
        x2 = X                          '设置终点坐标
        y2 = Y
        Line (x1, y1)-(x2, y2)          '由起点到终点画直线
    End If
End Sub
```

（2）判断按下鼠标的左键或右键，控制列表框内容的添加或删除。

项目说明：在窗体上建一个名称为 List1 的列表框和一个名称为 Text1 的文本框。编写窗体的 MouseDown 事件过程，程序运行后，如果用鼠标单击窗体，则从键盘中输入要添加到列表框中的项目；如果用鼠标右击窗体，则从键盘上输入要删除的项目，将其从列表框中删除。运行结果如图 10.3 所示。

图 10.3　列表框内容的添加与删除

程序代码如下。

```
Private Sub Form_MouseDown(Button As Integer, Shift As Integer, _
X As Single, Y As Single)
```

```
   If Button = 1 Then
     Text1.Text = InputBox("请输入要添加的项目")
     List1.AddItem Text1.Text
   End If
   If Button = 2 Then
     Text1.Text = InputBox("请输入要删除的项目")
     For i = 0 To List1.ListCount - 1
       If List1.List(i) = Text1.Text Then
         List1.RemoveItem i
       End If
     Next
   End If
 End Sub
```

第 11 章　菜单程序设计

实验一　下拉式菜单的建立

1. 实验目的

掌握菜单编辑器的使用方法。

掌握菜单项常用属性含义和设置方法。

掌握建立下拉式菜单的方法。

2. 实验内容

建立一个下拉式菜单。

项目分析：建立一个菜单控制的移动字幕，程序运行结果如图 11.1 所示。窗体上添加一个标签，一个时钟控件。利用菜单编辑器制作两条菜单"控制"和"方向"。"控制"菜单下有"开始"、"暂停"、"复位"、"标题文字"、"退出"等菜单项。其中，"开始"菜单项可以让标签字幕开始移动，单击后变为灰色，并使"暂停"菜单项可用；"暂停"菜单项可以让标签字幕停止移动，单击后变为灰色，并使"开始"菜单项可用；"复位"菜单项可以将标签水平放置到窗体中间；单击"标题文字"菜单项可以弹出一个输入框，输入的文字作为标签的标题；"退出"菜单项可以结束工程运行。"方向"菜单下有"向左"、"向右"两个菜单项，分别可以控制菜单移动的方向，单击某一个菜单项后加复选号，同时取消另一个菜单项的复选号。

图 11.1　程序运行界面

项目设计：

（1）创建界面。新建工程，在窗体上添加标签控件 Label1 和时钟控件 Timer1。

（2）设置属性。属性设置如表 11.1 所示。

表 11.1 属性设置

控 件	属性名称	属性值
Label1	Caption	欢迎光临
Label1	AutoSize	True
Label1	Font	字号设为 48
Timer1	Interval	100
Timer1	Enabled	False

（3）建立菜单。打开菜单编辑器，建立菜单如表 11.2 所示。

表 11.2 菜单结构

标 题	名 称	内缩符号	复 选	可 用
控制	Kz	无		是
…开始	Ks	1		是
…暂停	Zt	1		否
…复位	Fw	1		是
…标题文字	Btwz	1		是
…退出	Tc	1		是
方向	Fx	无		是
…向左	Xz	1	是	是
…向右	Xy	1		是

【提示】由于菜单初始的可用性设置为"否"后，不能打开该菜单的代码窗口，所以对于"暂停"菜单，应该先将其可用性设置为"是"。当编写完代码后，再次进入菜单编辑器，将其可用性设置为"否"。

（4）编写代码。

```
        Private Sub ks_Click()                  '"开始"菜单
           ks.Enabled = False
           zt.Enabled = True
           Timer1.Enabled = True
        End Sub
        Private Sub zt_Click()                  '"暂停"菜单
           zt.Enabled = False
           ks.Enabled = True
           Timer1.Enabled = False
        End Sub
        Private Sub fw_Click()                  '"复位"菜单
           Label1.Left = (Form1.Width - Label1.Width) / 2
        End Sub
        Private Sub btwz_Click()                '"标题文字"菜单
          标题= InputBox("请输入标题文字", "输入", "欢迎光临")
          Label1.Caption = 标题
        End Sub
        Private Sub tc_Click()                  '"退出"菜单
```

```
        End
    End Sub
    Private Sub xy_Click()              '"向右"菜单
        xz.Checked = False
        xy.Checked = True
    End Sub
    Private Sub xz_Click()              '"向左"菜单
        xz.Checked = True
        xy.Checked = False
    End Sub
    Private Sub Timer1_Timer()          '计时器事件
        If xz.Checked = True Then
            Label1.Left = Label1.Left - 200
            If Label1.Left <= -Label1.Width Then
                Label1.Left = Form1.Width
            End If
        End If
        If xy.Checked = True Then
            Label1.Left = Label1.Left + 200
            If Label1.Left >= Form1.Width Then
                Label1.Left = -Label1.Width
            End If
        End If
    End Sub
```

实验二　利用数组建立弹出式菜单

1. 实验目的

掌握利用数组建立菜单的方式。

掌握使用 Load 命令动态添加菜单。

掌握建立弹出式菜单的方法。

2. 实验内容

利用数组和 Load 命令建立一个弹出式菜单。

项目分析：建立一个弹出式菜单控制形状控件的形状和填充图案，程序运行结果如图 11.2 所示。窗体上添加一个 Shape 控件。利用菜单编辑器编辑一条菜单，菜单包括两个菜单项"形状"和"填充图案"。"形状"菜单下有四个图形名称菜单项，分别对应着 Shape 控件的六种形状中的前四种。"填充图案"下有三个填充图案菜单项，分别对应着 Shape 控件的八种内部填充样式的三种。

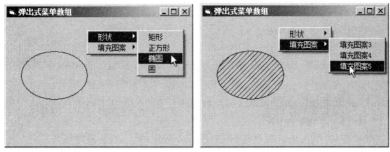

图 11.2 程序运行界面

项目设计:
(1)创建界面。新建工程,在窗体上添加形状控件 Shape1。
(2)建立菜单。打开菜单编辑器,建立菜单如表 11.3 所示。

表 11.3 菜单结构

标题	名称	内缩符号	索引	可见
改变	菜单	无		否
...形状	Xz	1		是
...矩形	Shape	2	0	是
...填充图案	Tcta	1		是
...填充图案 3	Pattern	2	3	是

【提示】由于主菜单项初始的可见性设置为"否"后,不能打开菜单的代码窗口,所以对于"改变"菜单,应该先将其可见性设置为"是"。当编写完代码后,再次进入菜单编辑器,将其可见性设置为"否"。

(3)编写代码。代码中的"??"请补充完整。

```
Private Sub Form_Load()        '在窗体载入事件利用 load 命令加载所需菜单项
    For i = 1 To 3
      Load shape(i)
    Next i
    shape(1).Caption = "正方形"
    shape(2).Caption = "椭圆"
    shape(3).Caption = "圆"
    For j = 4 To 5
      ?? pattern(j)                  '为 pattern 数组增加数组元素
      pattern(j).Caption = "填充图案" & j
    Next j
End Sub
Private Sub Form_MouseDown(Button As Integer, Shift As Integer, _
X As Single, Y As Single)
    If Button = ?? Then          '判断右击鼠标时
      ?? 菜单                      '弹出菜单
    End If
```

```
End Sub
Private Sub pattern_Click(Index As Integer)
    Shape1.FillStyle = Index
    '形状控件的 FillStyle 属性正好是 pattern 数组的 Index 属性值
End Sub
Private Sub shape_Click(Index As Integer)
    Shape1.shape =??
    '形状控件的 Shape 属性正好是 Shape 数组的 Index 属性值
End Sub
```

实验三　菜单设计综合实验

1. 实验目的

熟练掌握菜单编辑器的使用。

掌握菜单项属性的设置方法。

掌握下拉式菜单和弹出式菜单的建立方法和步骤。

2. 实验内容

独立完成下拉式菜单和弹出式菜单综合程序设计。

项目分析：设计一个利用菜单格式化文本框的程序。菜单栏包括两个主菜单"文字"和"格式"，"文字"菜单包括"输入文字"和"清除"子菜单项；"格式"菜单下包括两个级联菜单"字体"、"字号"。"字体"菜单包括"宋体"、"黑体"、"加粗"；"字号"菜单下可以选择 16 或者 24 号字，如图 11.3 所示。右击文本框弹出"颜色"菜单，可以选择文字颜色，如图 11.4 所示。

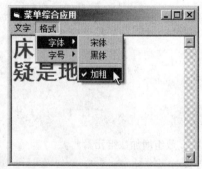
图 11.3　下拉式菜单

图 11.4　弹出式菜单

项目设计：

（1）创建界面。建立工程，在窗体上添加一个文本框 Text1，设置 Text 属性为空，MultiLine 属性为 True。

（2）建立菜单。打开菜单编辑器，建立菜单如表 11.4 所示。

表 11.4　菜单设置

标　　题	名　　称	可　见	标　　题	名　　称	可　见
文字	Mnutxt	True	…加粗	Mnufont4	
…输入文字	Mnutxt1		…字号	Mnuszie	
…清除	Mnutxt2		…16	Mnusize16	
格式	Mnuformat	True	…24	Mnusize24	
…字体	Mnufont		颜色	Mnucolor	False
…宋体	Mnufont1		…红色	Mnured	
…黑体	Mnufont2		…绿色	Mnugreen	
…-	Mnufont3		…蓝色	Mnublue	

【提示】标题为减号"-"，在菜单中显示为一条分割线。

（3）编写代码。按表 11.5 所示的各菜单项的功能编写事件代码。

表 11.5　各菜单功能

菜单项标题	功　　能
输入文字	在文本框中可以输入一段文字
清除	清除文本框的文字
宋体	将文本框的文字字体改为宋体
黑体	将文本框的文字字体改为黑体
加粗	切换文本框的文字是否加粗，加粗时在菜单项前加菜单项标记，不加粗时取消标记
16	将文本框的文字字号改为 16 号字
24	将文本框的文字字号改为 24 号字
红色	将文本框的文字颜色改为红色，同时在菜单项前加菜单项标记，并取消蓝色和绿色的菜单项标记
绿色	将文本框的文字颜色改为绿色，同时在菜单项前加菜单项标记，并取消蓝色和红色的菜单项标记
蓝色	将文本框的文字颜色改为蓝色，同时在菜单项前加菜单项标记，并取消红色和绿色的菜单项标记

（4）编写各菜单事件代码，将"??"处代码补充完整。

```
Private Sub mnutxt1_Click()          '"输入文字"菜单
    换行$ = Chr(13) & Chr(10)         '回车换行符
    Text1.Text="床前明月光"+换行+"疑是地上霜"     '在文本框中输入内容
End Sub
Private Sub mnutxt2_Click()          '"清除"菜单
    Text1.Text = ??
End Sub
Private Sub mnufont1_Click()         '"宋体"菜单
    Text1.Font.Name = "宋体"          '也可写为 Text1.FontName = "宋体"
End Sub
Private Sub mnufont2_Click()         '"黑体"菜单
    Text1.Font.Name = "黑体"
End Sub
Private Sub mnufont4_Click()         '"加粗"菜单
    mnufont4.Checked = ?? mnufont4.Checked
    Text1.FontBold = Not Text1.??
```

```
        End Sub
        Private Sub mnusize16_Click()        '"16"菜单
            Text1.Font.Size = 16             '也可以写成 Text1.FontSize = 16
        End Sub
        Private Sub mnusize24_Click()        '"24"菜单
            Text1.?? = 24
        End Sub
        Private Sub mnured_Click()           '"红色"菜单
            Text1.?? = vbRed                 '将文字颜色更改为红色
            mnured.Checked = True
            mnugreen.Checked = False
            mnublue.Checked = False
        End Sub
        Private Sub mnugreen_Click()         '"绿色"菜单
            ??
        End Sub
        Private Sub mnublue_Click()          '"蓝色"菜单
            ??
        End Sub
        Private Sub Text1_MouseDown(Button As Integer, Shift As Integer, _
        X As Single, Y As Single)
            Text1.Enabled = False
            Text1.Enabled = True
            If Button = ?? Then
                ?? mnucolor
            End If
        End Sub
```

　　当在文本框中使用右键弹出式菜单时，系统会先弹出一个系统默认的菜单，再次右击鼠标才会出现用户定义的菜单。为了屏蔽系统弹出式菜单，可以将文本框的 Enabled 属性的属性值切换一次即可。

第12章 文 件

实验一 顺序文件的读写操作

1. 实验目的

掌握读写文件语句的使用及相关函数的用法。

熟悉顺序文件的读写操作。

2. 实验内容

建立顺序文件并进行读写操作。

项目分析：建立一个可以用来排序并保存排序结果的程序，程序运行结果如图 12.1 所示。窗体上添加两个标签，两个文本框，四个命令按钮。单击"产生具有 10 个随机数的文本文件"按钮时，可以在工程所在文件夹下建立一个文本文件"rand.txt"，内有 10 个三位随机数；单击"读取文件中的数字"按钮，可以将"rand.txt"文件中的数字读取到数组 a 中，并显示在文本框 1 中；单击"排序"按钮可以将数组 a 中的数字按升序排列，并显示在文本框 2 中；单击"写文件"按钮可以将文本框 2 中排序后的数字写入顺序文件"Ascending.txt"中。

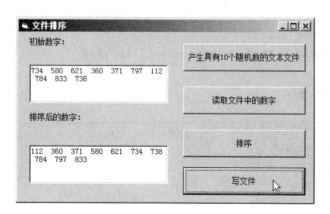

图 12.1 程序运行界面

项目设计：

（1）创建界面。新建工程，在窗体上添加两个标签控件 Label1 和 Label2，两个文本框控件 Text1 和 Text2，四个命令按钮 Command1～Command4。

（2）设置属性。属性设置如表 12.1 所示。

表 12.1　属性设置

控　　件	属性名称	属性值
Label1	Caption	初始数字:
Label2	Caption	排序后的数字:
Text1	MultiLine	True
Text2	MultiLine	True
Command1	Caption	产生具有 10 个随机数的文本文件
Command2	Caption	读取文件中的数字
Command3	Caption	排序
Command4	Caption	写文件

（3）编写代码。代码中的 "??" 请补充完整。

```vb
Option Base 1
Dim a(10) As Integer
Private Sub Command1_Click()
   Open App.Path & "\rand.txt" For Output As #1
   For i = 1 To 10
      Print #1, Int(Rnd * 900 + 100);      '后面有分号，表示产生的数字在一行
   Next
   Close #1
End Sub
Private Sub Command2_Click()
   Open App.Path & "\rand.txt" For Input As #2
   Dim s As String
   Text1 = ""
   For i = 1 To 10
      Input #2, ??                          '将数字依次读取到数组 a 的元素中
      Text1 = Text1 & Str(a(i)) & Space(2)
   Next i
   Close #2
End Sub
Private Sub Command3_Click()
   For i = 1 To 9
      For j = i + 1 To ??
       If a(i) >= a(j) Then
        t = a(i)
        a(i) = a(j)
        ??
       End If
      Next j
   Next i
   Text2 = Clear
   For k = 1 To 10
```

```
    Text2 = Text2 & Str(a(k)) & Space(2)
  Next k
End Sub
Private Sub Command4_Click()
  Open App.Path & "\ascending.txt" For ?? As #3
  Print #3, Text2.Text
  Close #3
End Sub
```

实验二　随机文件的读写操作

1. 实验目的

掌握自定义类型的使用。

掌握读写随机文件的语句。

掌握随机文件数据的处理。

2. 实验内容

建立随机文件并进行读写操作。

项目分析：建立一个随机文件方式存取的通讯簿，程序运行结果如图 12.2 所示。窗体上添加四个标签，一个组合框，四个文本框，两个命令按钮。单击"添加到文件"按钮时，用消息框提示"是否将填写好的通讯记录写入文件 info.dat"，选择"是"按钮，将数据添加到文件，选择"否"按钮不添加。单击"显示文件中内容"按钮，读取"info.dat"文件，将所有记录显示在下方文本框内。

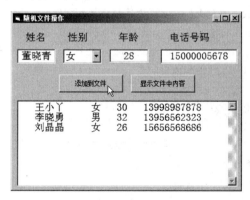

图 12.2　程序运行界面

项目设计：

（1）创建界面。新建工程，在窗体上添加四个标签控件 Label1～Label4，四个文本框控件 Text1～Text4，一个组合框控件 Combo1，两个命令按钮 Command1 和 Command2。

（2）设置属性。属性设置如表 12.2 所示。

表 12.2　属性设置

控　件	属性名称	属性值
标签控件	Caption	见图 12.2
Text1	Alignment	2-居中
Text2	Alignment	2-居中
Text3	Alignment	2-居中
Combo1	List	男，女
Combo1	Style	2-下拉式列表框
Text4	MultiLine	True
Text4	ScrollBars	2-垂直滚动条
Command1	Caption	添加到文件
Command2	Caption	显示文件中内容

（3）编写代码。

```
Private Type stud
  name As String * 8
  sex As String * 2
  age As Integer
  phone As String * 11
End Type
Private Sub Command1_Click()
  Dim x As stud
  x.name = Text1
  x.sex = Combo1.Text
  x.age = Val(Text2)
  x.phone = Text3
  yn = MsgBox("是否将文本框内信息添加到文件", vbYesNo)
  If yn = 6 Then
    Open App.Path & "\info.dat" For Random As #1 Len = Len(x)
    s = LOF(1) / Len(x)
    s = s + 1
    Put #1, s, x
    Close #1
    Text1 = "": Text2 = "": Text3 = ""
    Text1.SetFocus
  End If
End Sub
Private Sub Command2_Click()
  Dim x As stud
  Open App.Path & "\info.dat" For Random As #2 Len = Len(x)
  n = LOF(2) / Len(x)                '计算文件中的记录个数 n
  kg = Space(3)
  Text4 = ""
```

```
    For i = 1 To n                          '循环访问每一条记录
      Get #2, i, x
      Text4 = Text4 & kg & x.name      '将变量 x 的各元素连接在 Text4 中
      Text4 = Text4 & kg & x.sex
      Text4 = Text4 & kg & x.age
      Text4 = Text4 & kg & x.phone & vbCrLf
    Next i
    Close #2
  End Sub
```

实验三　文件系统控件的使用

1. 实验目的

熟悉驱动器列表框（DriveListBox）、目录列表框（DirListBox）、文件列表框（FileListBox）的功能和使用。

掌握三个文件系统控件属性设置及配合使用的方法。

2. 实验内容

在文件系统控件中选择文件。

项目分析： 建立一个简单的图片浏览器，程序运行结果如图 12.3 所示。窗体上添加一个驱动器列表框，一个目录列表框，一个文件列表框，一个图像框，两个命令按钮。当在驱动器列表框中选择驱动器时，在目录列表框中显示该驱动器下的目录结构；当选择目录列表框中的目录时，文件列表框中可以显示该目录下的 Jpg 格式，Bmp 格式或者 Gif 格式的图形文件；当双击文件列表框中的图形文件时，在图像框中显示该图片；单击"清除"按钮，取消图像框中显示的图片；单击"退出"按钮，退出程序。

图 12.3　程序运行界面

项目设计：

（1）创建界面。新建工程，在窗体上添加驱动器列表框 Drive1，目录列表框 Dir1，文件列表框 File1，图像框 Image1，两个命令按钮 Command1 和 Command2。

（2）设置属性。属性设置如表 12.3 所示。

表 12.3　属性设置

控　件	属性名称	属性值
File1	Pattern	*.bmp; *.jpg; *.gif
Image1	Stretch	True
Image1	BorderStyle	1—固定边框
Command1	Caption	清除
Command2	Caption	退出

（3）编写代码。

```
Private Sub Command1_Click()
  Image1.Picture = LoadPicture("")
End Sub
Private Sub Command2_Click()
  End
End Sub
Private Sub Dir1_Change()
  File1.Path = Dir1.Path
End Sub
Private Sub Drive1_Change()
  Dir1.Path = Drive1.Drive
End Sub
Private Sub File1_DblClick()
  Image1.Picture = LoadPicture(File1.Path & "\" & File1.FileName)
End Sub
```

第 13 章　通用对话框设计

实验　通用对话框综合设计

1. 实验目的

对话框的作用和分类。
通用对话框控件的属性和方法。
通用对话框的使用。

2. 实验内容

编写可以显示各种对话框的程序。

项目分析：程序运行后如图 13.1 所示。当程序运行后，选择"打开文件"单选钮后，单击"显示"按钮，则显示"打开"对话框；若选择"颜色"单选钮后，单击"显示"按钮，则打开"颜色"对话框等。

图 13.1　程序运行界面

项目设计：

（1）创建界面：在窗体上添加一个通用对话框，名称属性为 CD1；添加一个命令按钮 Command1，并将其 Caption 属性设置为"显示"；添加一个单选钮 Option1，并把单选按钮的 Index 属性设置为 0。

（2）编写代码。

```
Private Sub Form_Load()
  For i = 1 To 5
    Load Option1(i)                          '加载第 i 个单选钮
```

```
        Option1(i).Top = Option1(i - 1).Top + 400
                                        '每个单选钮的 Top 属性相差 400
        Option1(i).Visible = True
      Next i
        Option1(0).Caption = "打开文件"        '为每个单选钮设置标题
        Option1(1).Caption = "保存文件"
        Option1(2).Caption = "颜色"
        Option1(3).Caption = "字体"
        Option1(4).Caption = "打印机"
        Option1(5).Caption = "帮助"
End Sub
Private Sub Command1_Click()
    Select Case True
      Case Option1(0).Value
        CD1.ShowOpen
      Case Option1(1).Value
        CD1.ShowSave
      Case Option1(2).Value
        CD1.ShowColor
      Case Option1(3).Value
        CD1.Flags = cdlCFBoth
        CD1.ShowFont
      Case Option1(4).Value
        CD1.ShowPrinter
      Case Option1(5).Value
        CD1.HelpFile = "C:WINDOWS\HELP\WINWB98.HLP"  '指定显示帮助的文件
        CD1.HelpCommand = cdlHelpContents            '指定显示帮助的格式
        CD1.ShowHelp
    End Select
End Sub
```

第
②
篇

习 题 篇

第1章　认识 Visual Basic

1.1　知　识　要　点

（1）VB 的发展过程和语言特点。

（2）VB 的启动与退出。

（3）VB 集成开发环境。

1.2　实　战　测　试

1.2.1　选择题

【题 1-1】与传统程序设计语言相比，VB 最突出的特点是_____。

A．事件驱动编程机制　　　　　B．结构化程序设计

C．程序调试技术　　　　　　　D．程序开发环境

【题 1-2】可视化程序设计强调的是_____。

A．过程的模块化　　　　　　　B．控件的模块化

C．程序的模块化　　　　　　　D．对象的模块化

【题 1-3】VB 界面由_____组成。

A．图标　　　　B．对象　　　　C．窗体　　　　D．控件

【题 1-4】启动 VB 可以用_____方法。

A．通过"我的电脑"，找到 VB6.exe，双击该文件名

B．通过"开始"菜单，选择"程序"命令

C．通过"开始"菜单，选择"运行"命令

D．以上三种方法都可以

【题 1-5】退出 VB 的快捷键是_____。

A．Ctrl+Q　　　　B．Shift+Q　　　　C．Alt+Q　　　　D．Ctrl+Alt+Q

【题 1-6】VB 集成开发环境的主窗口不包括_____。

A．标题栏　　　　B．菜单栏　　　　C．状态栏　　　　D．工具栏

【题 1-7】VB 窗体设计器的主要功能是_____。

A．建立用户界面　　　　　　　B．编写代码

C．显示文字　　　　　　　　　D．画图

【题 1-8】VB 标准工具栏中的工具按钮不能执行的操作是_____。

A．添加工程　　　　B．运行程序　　　　C．打印程序　　　　D．打开工程

【题 1-9】用键盘打开菜单和执行菜单命令，首先应按下的键是_____。

A. 功能键 F10 或 Alt　　　　　　　　B. Shift+功能键 F4

C. Ctrl 或功能键 F8　　　　　　　　　D. Ctrl+Alt

【题 1-10】不在"文件"下拉菜单中的操作命令是_____。

A. 建立工程　　　B. 打开工程　　　C. 运行工程　　　D. 移除工程

【题 1-11】新建工程的快捷键是_____。

A. Ctrl+O　　　　　B. Ctrl+N　　　　　C. Alt+O　　　　　D. Alt+N

【题 1-12】VB 开发环境包括三种工作状态是_____。

A. 窗体设计模式、代码编写模式、属性设置模式

B. 工程管理模式、窗体布局模式、对象浏览模式

C. 设计模式、中断模式、运行模式

D. 固定工具栏模式、添加控件模式、浮动工具栏模式

【题 1-13】VB 程序可以在 Windows 下直接运行的是_____。

A. VBP　　　　　B. BAS　　　　　C. EXE　　　　　D. FRM

【题 1-14】关于 VB 应用程序正确的表述是_____。

A. VB 程序运行时，总是等待事件被触发

B. VB 程序运行时是顺序执行的

C. VB 程序设计的核心是编写事件过程的程序代码

D. VB 程序的事件过程是系统预先设计好的，事件是用户随意定义的

【题 1-15】下述可以打开属性窗口的操作是_____。

A. 鼠标双击窗体的任何部位　　　　　B. 选择"工程 | 属性窗口"命令

C. 按下 Ctrl+F4 键　　　　　　　　　D. 按下 F4 键

1.2.2　填空题

【题 1-16】一个 VB 工程文件（.VBP）中包含该工程中其他文件，其中的窗体文件扩展名为 [1] ，标准模块的扩展名为 [2] 。

【题 1-17】假定一个 VB 工程由一个窗体模块和一个标准模块构成。为了保存该工程，应该分别保存 [1] 、 [2] 、 [3] 。

【题 1-18】VB 是采用 [1] 编程机制的语言，事件可以由用户触发，也可以由 [2] 触发。

【题 1-19】打开一个工程文件时，系统自动装入与该工程有关的窗体、标准模块等文件，VB 程序既可以编译运行，也可以_____运行。

第 2 章　设计简单的 Visual Basic 应用程序

2.1　知 识 要 点

（1）VB 应用程序的设计步骤。
（2）对象的基本属性。
（3）标签、文本框、命令按钮的使用。
（4）窗体的属性、方法和事件。

2.2　实 战 测 试

2.2.1　选择题

【题 2-1】可视化编程的基本过程的三个步骤是_____。
A．创建工程、设计界面、编写代码
B．创建工程、编写代码、保存程序
C．设计界面、设置属性、编写代码
D．设计界面、编写代码、调试程序

【题 2-2】复制控件到窗体左上角的组合键是_____。
A．Ctrl+C　　　　　　　　　　B．Ctrl+V
C．Ctrl+C，然后 Ctrl+V　　　　D．Ctrl+V，然后 Ctrl+C

【题 2-3】关于属性叙述错误的是_____。
A．属性值可以是由用户定义的数据
B．属性名称是由用户定义的
C．属性用来描述对象的性质
D．同一种对象具有相同的属性

【题 2-4】关于 VB "方法"的概念叙述错误的是_____。
A．方法是对象的一部分
B．方法是预先定义好的操作
C．方法是对事件的响应
D．方法用于完成某些特定功能

【题 2-5】关于 VB "面向对象"编程的叙述错误的是_____。
A．属性是描述对象的数据
B．方法指示对象的行为

C．事件是能被对象识别的动作

D．"面向对象"是 VB 的编程机制

【题 2-6】在代码窗口编辑代码时，能自动提供下拉列表显示控件的属性、方法供用户选择的是_____。

A．自动显示快速信息　　　　　　　B．自动语法检查

C．要求声明变量　　　　　　　　　D．自动列出成员特性

【题 2-7】移动控件的组合键是_____。

A．Ctrl+"方向箭头"　　　　　　　B．Shift+"方向箭头"

C．Alt+"方向箭头"　　　　　　　　D．空格键+"方向箭头"

【题 2-8】关于属性、方法、事件概念叙述错误的是_____。

A．一个属性总是与某一个对象有关

B．一个事件总是与某一个对象相关

C．一个方法隶属于一个对象

D．事件由对象触发，而方法是对事件的响应

【题 2-9】要选择多个控件，应按住_____键，然后单击每个控件。

A．Ctrl　　　　　　B．Tab　　　　　　C．Alt　　　　　　D．空格

【题 2-10】下述_____方法不能打开代码窗口。

A．双击窗体或已建立好的控件

B．选择"视图 | 代码窗口"命令

C．按下 F5 键

D．单击工程资源管理器窗口中的"查看代码"按钮

【题 2-11】用于设置字体样式为加下划线的语句是_____。

A．Label1. FontStrikethru = True　　B．Label1. FontUnderline= True

C．Label1. FontItalic= True　　　　　D．Label1. FontBold= True

【题 2-12】VB 的所有控件都具有一个共同的属性，这个属性是_____。

A．Text　　　　　　B．Font　　　　　　C．Name　　　　　　D．Caption

【题 2-13】下列属性设置语句正确的是_____。

A．Form1.Name = Form1.Caption　　B．Form1.Caption = Form1.Name

C．Form1.Enabled = "True"　　　　　D．Form1.BorderStyle = 6

【题 2-14】下列属性值是数值型的是_____。

A．Caption　　　　B．ForeColor　　　　C．Enabled　　　　D．Visible

【题 2-15】为了防止用户随意将光标置于控件之上，需要做的工作是_____。

A．将控件的 Enabled 属性设置为 False

B．将控件的 TabStop 属性设置为 False

C．将控件的 TabStop 属性设置为 True

D．将控件的 TabIndex 属性设置为 0

【题 2-16】只能用来显示文字信息的控件是_____。

A．文本框　　　　　B．标签　　　　　C．图片框　　　　　D．图像框

【题 2-17】窗体上有一个名为 Label1 的标签，为了使该标签透明并且没有边框，正

确的属性设置是_____。

  A. Label1.BackStyle = 0   B. Label1.BackStyle = 1

    Label1.BorderStyle = 0   Label1.BorderStyle = 1

  C. Label1.BackStyle = True   D. Label1.BackStyle = False

    Label1.BorderStyle = True   Label1.BorderStyle = False

【题 2-18】下列属性中，文本框控件不具有的属性是_____。

  A. BackColor   B. Caption   C. Enabled   D. Visible

【题 2-19】下列属性中，与文本框中文本显示无关的属性是_____。

  A. BorderStyle   B. Alignment   C. Multiline   D. MaxLength

【题 2-20】文本框控件的下列属性中，是只读属性的是_____。

  A. Enabled   B. Multiline   C. Height   D. Text

【题 2-21】若要设置文本框中所显示的文本颜色，使用的属性是_____。

  A. BackColor   B. FillColor   C. ForeColor   D. BackStyle

【题 2-22】使用 Textbox 控件时，要对用户输入内容进行立即检查，应对 Textbox 控件的_____事件编程。

  A. Change   B. Interval   C. Left   D. Top

【题 2-23】要使在文本框中输入的密码在文本框中只显示#号，则应当在此文本框的属性窗口中设置_____。

  A. Text 属性值为"#"   B. Caption 属性值为"#"

  C. Password 属性值为"#"   D. PasswordChar 属性值为"#"

【题 2-24】能在文本框 Text1 中显示"123"的语句是_____。

  A. Text1.Visible = "123"   B. Text1.Text = "123"

  C. Text1.Name= "123"   D. Text1.Enabled = "123"

【题 2-25】下面属性中，只有命令按钮才有的是_____。

  A. Name 和 Caption   B. Enabled 和 Visible

  C. Style 和 BorderStyle   D. Cancel 和 Default

【题 2-26】为了使命令按钮（名称为 Command1）右移 200，应使用的语句是_____。

  A. Command1.Move -200

  B. Command1.Move 200

  C. Command1.Left= Command1.Left+200

  D. Command1.Left= Command1.Left-200

【题 2-27】命令按钮能响应的事件是_____。

  A. DblClick   B. Click   C. Load   D. Scroll

【题 2-28】下列关于命令按钮的叙述正确的是_____。

  A. 命令按钮的 Caption 属性决定按钮上显示的内容

  B. 单击 VB 应用程序中的命令按钮，则会触发它的 Change 事件

  C. 命令按钮的 Name 属性决定按钮上显示的内容

  D. 以上都不对

【题 2-29】要在按 Enter 键时执行某个命令按钮的事件过程，需要把该命令按钮的

一个属性设置为 True，这个属性是_____。

    A．Value　　　　　B．Default　　　　　C．Cancel　　　　　D．Enabed

【题 2-30】要在按下 ESC 键时执行某个命令按钮的事件过程，需要把该命令按钮的_____属性设置为 True。

    A．Value　　　　　B．Default　　　　　C．Cancel　　　　　D．Enabled

【题 2-31】为了取消窗体的最大化功能，需要把它的一个属性设置为 False，这个属性是_____。

    A．ControlBox　　B．MinButton　　C．Enabled　　　　D．MaxButton

【题 2-32】如果希望一个窗体在显示时没有边框，应该设置的属性是_____。

    A．将窗体的 Caption 属性设置为空

    B．将窗体的 Enabled 属性设置为 False

    C．将窗体的 BorderStyle 属性设置为 None

    D．将窗体的 ControlBox 属性设置为 False

【题 2-33】当窗体上文字或图形被覆盖，最小化后能恢复原貌，需要设置窗体的属性是_____。

    A．Appearance　　B．Visible　　　　C．Enabled　　　　D．AutoRedraw

【题 2-34】当窗体被装入内存时，系统将自动执行_____事件过程。

    A．Load　　　　　B．Activate　　　　C．Unload　　　　D．QueryUnload

【题 2-35】确定一个窗体或控件大小的属性是_____。

    A．Appearance　　　　　　　　　B．Width 和 Height

    C．Top 或 Left　　　　　　　　　D．Top 和 Left

【题 2-36】若要将窗体 Form1 的标题栏文本改为"欢迎使用本软件！"，下列语句正确的是_____。

    A．Form1.Name="欢迎使用本软件！"

    B．Form1 Caption="欢迎使用本软件！"

    C．Set Form1.Caption="欢迎使用本软件！"

    D．Form1.Caption="欢迎使用本软件！"

【题 2-37】若在名称为 Myform 的窗体上只有一个名称为 C1 命令按钮，下面叙述中正确的是_____。

    A．窗体的 Click 事件过程的过程名是 Myform_Click

    B．命令按钮的 Click 事件过程的过程名 C1_Click

    C．命令按钮的 Click 事件过程的过程名 Command1_Click

    D．上述三种说法都是错误的

【题 2-38】为了选择多个控件，可以按住_____键，然后单击每个控件。

    A．Alt　　　　　　B．Shift　　　　　C．Ctrl　　　　　D．Ctrl 或 Shift

2.2.2　填空题

【题 2-39】在窗体上添加一个名称为 Text1 的文本框和一个名称为 Label1 的标签，要求如下程序运行时，在文本框中输入的内容立即在标签中显示。

```
Private Sub Text1_ _____()
    Label1.Caption = Text1.Text
End Sub
```

【题 2-40】在窗体上添加一个文本框，然后编写如下两个事件过程。

```
Private Sub Form1_Click()
    Text1.Text="VB 程序设计"
End Sub
Private Sub Text1_Change()
    Form1.Print "VB Progamming"
End Sub
```

程序运行后，单击窗体，文本框中显示的内容是 [1] ，窗体上显示的内容是 [2] 。

【题 2-41】在窗体中添加一个命令按钮，名称为 Command1，两个文本框名称分别为 Text1、Text2，然后编写如下程序。

```
Private Sub Command1_Click()
    A = Text1.Text
    B = Text2.Text
    C = LCase(a)
    D = UCase(b)
    Print C & D
End Sub
```

程序运行后，在文本框 Text1、Text2 中分别输入 AbC 和 Efg，然后单击 Command1，窗体上显示的结果是_____。

第3章　Visual Basic 程序设计基础

3.1　知 识 要 点

（1）语句和编码规则。
（2）常量变量与数据类型。
（3）运算符和表达式。
（4）常用内部函数。

3.2　实 战 测 试

3.2.1　选择题

【题 3-1】下面合法的标识符是＿＿＿＿＿＿。

A．Int 　　　　　B．3alpha 　　　　C．a*b 　　　　　D．print_number

【题 3-2】下列数值不属于 VB 允许形式的是＿＿＿＿＿＿。

A．123.45E+2 　　B．E12 　　　　　C．1.25E 　　　　D．12E-4

【题 3-3】以下关键字中，不能定义变量的是＿＿＿＿＿＿。

A．Public 　　　　B．Dim 　　　　　C．Declare 　　　D．Private

【题 3-4】下列把 num1 变量定义成双精度型变量的是＿＿＿＿＿＿。

A．num1！ 　　　　B．num1% 　　　　C．num1# 　　　D．num1$

【题 3-5】下列能够正确表示 3^{-r+2} 的是＿＿＿＿＿＿。

A．3^r+2 　　　　B．3^-r+2 　　　　C．3^-r3^2 　　　D．3^(-r+2)

【题 3-6】求 Sin65° 应使用的正确表达式为＿＿＿＿＿＿。

A．Sin(65) 　　　B．Sin65 　　　　C．Sin(65°) 　　D．Sin(65*3.14159/180)

【题 3-7】表达式 Round (0.55)+Int(0.55)+Fix(0.55)的值为＿＿＿＿＿＿。

A．0 　　　　　　B．1 　　　　　　C．2 　　　　　　D．3

【题 3-8】下列能够正确表示 x^2+y^x 的表达式是＿＿＿＿＿＿。

A．2^x+x^y 　　　　　　　　　　　B．x^2+Exp(x)

C．x^2+Exp(x*Log(y)) 　　　　　　D．Exp(2)+yExp(x)

【题 3-9】已知 string1="　　Hello　，　world!　　"，函数 Trim(string1)的结果是＿＿＿＿＿＿。

A．"Hello　，world!　" 　　　　　B．"　Hello　，world! "

C．"Hello　，world!" 　　　　　　D．"Hello,world!　　"

【题 3-10】表达式 Left("You are welcome! "，3)的值是_____。

A．You   B．are   C．wel   D．me!

【题 3-11】函数 Len(Space(4)+String(3,"c"))返回的值是_____。

A．7   B．9   C．4   D．3

【题 3-12】下列运算符是算术运算符的是_____。

A．Mod   B．And   C．>=   D．%

【题 3-13】下列运算符中，优先级最高的是_____。

A．*   B．Mod   C．\   D．^

【题 3-14】有如下一组程序语句：

```
A="11"
B="22"
C="33"
Print A+B+C
```

运行后的输出结果是_____。

A．"112233"   B．112233   C．66   D．"66"

【题 3-15】将下列字符串常量进行比较，最大的是_____。

A．"计算机"   B．"存储器"   C．"计算器"   D．"常量"

【题 3-16】如果变量 a=2，b="abc"，c="acd"，d=5，则表达式 a<d Or b>c And Not b<>c 的值是_____。

A．True   B．False   C．Yes   D．No

【题 3-17】如果变量 a=2，b=3，c=4，d=5，则表达式 2*a<b Or a<=c And b<>d 的值是_____。

A．True   B．False   C．Yes   D．No

3.2.2　填空题

【题 3-18】VB 根据默认规定，如果在声明中没有说明数据类型，则该变量的数据类型为_____。

【题 3-19】函数 Int(Rnd*10)+10 的值的范围是_____。

【题 3-20】表达式 Int(-4.8)*6\3^2+Fix(-4.8)的值是_____。

【题 3-21】描述"X 是小于 100 的非负整数"的 VB 表达式是_____。

【题 3-22】设 a=4，b=3，c=2，d=1，表达式 a>b+1 Or c<d And b Mod c 的值是_____。

第 4 章　数据输出与输入

4.1　知 识 要 点

（1）Print 方法及其相关函数的功能。

（2）InputBox 函数的使用方法及功能。

（3）MsgBox 函数和 MsgBox 语句的使用方法及功能。

4.2　实 战 测 试

4.2.1　选择题

【题 4-1】下列不支持 Print 方法的对象是_____。

A. 图片框控件　　B. 窗体　　　　　C. 打印机　　　　D. 文本框控件

【题 4-2】在"立即"窗口中执行如下语句。

```
a="Beijing"
b="ShangHai"
Print a;b
```

输出结果是（Δ 表示空格）_____。

A. Beijing Δ ShangHai

B. Δ Beijing Δ ShangHai

C. BeijingShangHai

D. Δ Beijing Δ ShangHai Δ

【题 4-3】在"立即"窗口中执行如下语句。

```
a=27
b=65
Print a;b
```

输出结果是（Δ 表示空格）_____。

A. 27Δ65　　　　B. Δ27Δ65　　　　C. Δ27ΔΔ65　　　　D. Δ27ΔΔ65Δ

【题 4-4】以下语句的输出结果是_____。

```
a=Sqr(3)
Print Format(a,"$####.###")
```

A. $1.732　　　　B. $01.732　　　　C. $1732　　　　D. 0001.732

【题 4-5】使用 Cls 方法可以清除程序运行时窗体或图片框上的_____内容。

A．设计窗体时放置的控件　　　　　B．程序运行时产生的图片和文字

C．Picture 属性设置的背景图案　　　D．以上方法都对

【题 4-6】在窗体上添加一个命令按钮，编写如下事件过程。

```
Private Sub Command1_Click()
    x = InputBox("Input x:")
    y = InputBox("Input y:")
    Print x + y
End Sub
```

如果在两个输入框中输入的信息分别为 12 和 34，则输出结果为_____。

A．12　　　　　　B．34　　　　　　C．46　　　　　　D．1234

【题 4-7】执行下面语句后，所产生的消息框的标题是_____。

```
?MsgBox("AAAA",4,"BBBB","",5)
```

A．AAAA　　　　B．BBBB　　　　C．3alpha　　　D．a*b

【题 4-8】以下说法中错误的是_____。

A．InputBox 函数的返回值是字符型

B．MsgBox 函数的返回值是在对话框中所单击的按钮的值

C．MsgBox 语句也能产生信息提示对话框，但它没有返回值

D．在 InputBox 函数所产生的输入对话框中输入数值，返回值是数值型

【题 4-9】执行语句：BVal=MsgBox("continue",vbAbortRetryIgnore+vbInformation+vbDefaultButton1,"确认")，出现一个消息框，直接按下 Enter 键后，变量 BVal 的值为_____。

A．3　　　　　　B．4　　　　　　C．5　　　　　　D．6

4.2.2　填空题

【题 4-10】在窗体上画一个命令按钮，其名称为 Command1，然后编写如下事件过程：

```
Private Sub Command1_Click()
    a=12345
    Print Format$(a, "000.00")
End Sub
```

程序运行后，单击命令按钮，窗体上显示的是_____。

【题 4-11】执行语句 Print Format$(1732.46, "+##,##0.0")的结果是_____。

【题 4-12】下面程序运行时，若输入 395，则输出结果是_____。

```
Private Sub Command1_Click()
    Dim x%
    x = InputBox("请输入一个 3 位整数")
    Print x Mod 10,x\100,(x Mod 100)\10
End Sub
```

【题 4-13】有如下程序：

```
Private Sub Form_Click()
    msg1$="继续吗？"
    msg2$="操作对话框"
    r=MsgBox(msg1$,vbYesNo Or vbDefaultButton2,msg2$)
End Sub
```

程序运行后，单击窗体，将产生一个消息框。此时如果直接按 Enter 键，则相当于鼠标单击信息框中的_____按钮。

第5章　程序设计的基本控制结构

5.1　知 识 要 点

（1）掌握赋值语句的一般格式、功能及使用。
（2）掌握顺序结构程序的概念。
（3）掌握选择结构程序的设计方法。
（4）掌握 If 语句、Select Case 语句的功能及用法。
（5）掌握循环结构程序的设计方法。
（6）掌握 For 语句、Do 语句和 While 语句的功能及用法。

5.2　实 战 测 试

5.2.1　选择题

【题 5-1】a、b、c 为整型变量，值分别为 1、2、3，以下程序段的输出结果是_____。

```
a=b
b=c
c=a
Print a;b;c
```

A．1 2 3　　　　B．2 3 1　　　　C．3 2 1　　　　D．2 3 2

【题 5-2】下列赋值语句中，正确的是_____。

A．x! = "abc"　　B．a% = "10e"　　C．x +1 = 5　　D．s$ = 100

【题 5-3】以下程序段的输出结果是_____。

```
a = Sqr(3)
b = Sqr(2)
c=a>b
Print c
```

A．-1　　　　　　B．0　　　　　　C．False　　　　D．True

【题 5-4】下列语句能够将变量 a、b 的值交换的是_____。

A．a=b : b=t : t=a　　　　　　　B．t=a : a=b : b=t
C．a=b : b=a　　　　　　　　　　D．t=b : b=t : t=a

【题 5-5】下列不正确的单行 If 语句是_____。

A. If x > y Then Print "x>y"

B. If x Then t = t * x : Print t

C. If x Mod 3 = 2 Then Print x

D. If x < 0 Then y = 2 * x - 1: Print x End If

【题 5-6】要判断数值型变量 y 能否被 7 整除，错误的条件表达式为_____。

A. y Mod 7 = 0

B. Int(y/7) = y/7

C. y \7 = 0

D. Fix(y/7)=y/7

【题 5-7】有以下程序。

```
Private Sub Form_Click()
    Dim score!
    score = InputBox("请输入分数：")
    If score < 60  Then
        grade = "不及格"
    ElseIf score >= 60 Then
        grade = "及格"
    ElseIf score >= 75  Then
        grade = "良好"
    ElseIf  score >= 90  Then
        grade = "优秀"
    End If
    Print  "成绩等级为：";grade
End Sub
```

当程序运行时输入的分数为 90，则程序运行结果为_____。

A. 成绩等级为：不及格

B. 成绩等级为：及格

C. 成绩等级为：良好

D. 成绩等级为：优秀

【题 5-8】执行下面的程序段后，x 的值为_____。

```
x = 5
For i = 1 To 20 Step 2
    x = x + i \ 5
Next i
```

A. 21   B. 22   C. 23   D. 24

【题 5-9】在下面的 DO 循环中，一共要循环_____次。

```
m = 5
n = 1
Do While n <= m
    n = n + 1
Loop
```

A. 3   B. 4   C. 5   D. 6

【题 5-10】下面的程序段执行后，i 的值为_____。

```
For i = 1 To 3
    i = i + 1
Next i
```

A. 3　　　　　B. 4　　　　　C. 5　　　　　D. 6

【题 5-11】下列程序段中，能正常结束循环的是_____。

A. `i = 1`　　　　　　　　　　B. `i = 5`
  `Do`　　　　　　　　　　　　 `Do`
  ` i = i + 2`　　　　　　　　　 ` i = i + 1`
  `Loop Until i = 10`　　　　　 `Loop Until i < 0`

C. `i = 10`　　　　　　　　　　D. `i = 6`
  `Do`　　　　　　　　　　　　 `Do`
  ` i = i + 1`　　　　　　　　　 ` i = i - 2`
  `Loop Until i > 10`　　　　　 `Loop Until i = 1`

【题5-12】当运行以下程序时，显示x的值是_____。

```
x = 0
y = 50
Do While y > x
    x = x + y
    y = y - 5
Loop
Print x
```

A. 55　　　　　B. 100　　　　　C. 50　　　　　D. 15

【题 5-13】下列程序循环次数为_____。

```
s = 0
For i = 1 To 20 Step 2
    s = s + i
Next i
```

A. 9　　　　　B. 10　　　　　C. 11　　　　　D. 12

【题 5-14】假设有以下程序段：

```
For i = 1 To 3
    For j = 5 To 1 Step -1
        Print i * j
    Next j
Next i
```

则语句 Print i * j 的执行次数，程序结束时 i、j 的值分别是_____。

　　A. 15　4　0　　　　　　　B. 16　3　1
　　C. 17　4　0　　　　　　　D. 18　3　1

【题 5-15】下列程序运行后，单击窗体，则在窗体上显示的内容是_____。

```
Private Sub Form_Click()
  Cls
  Print
  For n = 1 To 3
    For m = 1 To n
      Print m;
    Next m
    Print
  Next n
End Sub
```

A. 1 　　　　　　B. 1　2　3　　　　C. 3 　　　　　　D. 1
　　1　2　　　　　　　1　2　　　　　　　　2 　　　　　　　2　2
　　1　2　3　　　　　　1　　　　　　　　　1 　　　　　　　3　3　3

【题 5-16】窗体的 Form_Click() 事件过程如下，请写出单击窗体并输入 8，9，3，5 后窗体上的显示结果_____。

```
Private Sub Form_Click()
    Dim i %, sum %, m%
    sum = 0
    Do While True
        m = InputBox("请输入 m")
        If m = 5 Then Exit Do
        sum = sum + m
    Loop
    Print sum
End Sub
```

A. 17 　　　　　　B. 25 　　　　　　C. 20 　　　　　　D. 0

【题 5-17】程序运行时单击 Command1 后，输入 860788，窗体上的输出结果是_____。

```
Private Sub Command1_Click()
    Dim x As Long, Count As Integer
    x = Val(InputBox("请输入数据:"))
    Count = 0
    While x <> 0
        d = x Mod 10
        If d = 8 Then Count = Count + 1
        x = x \ 10
    Wend
    Print Count
End Sub
```

A. 0 　　　　　　B. 1 　　　　　　C. 2 　　　　　　D. 3

【题 5-18】窗体的 Form_Click()事件过程如下，运行时，单击窗体后依次输入 10，37，50，55，56，64，20，28，19，0，写出输出结果＿＿＿。

```
Private Sub Form_Click()
    Dim y%, i%
    i = 0
    Do
      y = InputBox("y=")
      If (y Mod 10) + Int(y / 10) = 10 Then i = i + 1
    Loop Until y = 0
    Print i
End Sub
```

A. 4   B. 5   C. 6   D. 7

5.2.2　填空题

【题 5-19】判断一个数是否既能被 2 整除，又能被 11 整除。

```
Private Sub Form_Click()
    Dim a As Integer
    a = InputBox("请输入一个数：")
    If _____ Then
       Print a; "既能被 2 整除又能被 11 整除"
    End If
End Sub
```

【题 5-20】程序运行后，窗体上显示内容如题图 5.1 所示。

```
Private Sub Form_Activate()
    For i =_____
      For j = 1 To i
        Print j;
      Next j
      Print
    Next i
End Sub
```

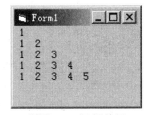

题图 5.1　运行结果

【题 5-21】下列程序运行时，单击窗体，窗体显示的结果是：7654321。

```
Private Sub Form_Click()
    Dim i As Integer
    Dim str As String
    str = "1234567"
    For i = Len(str) To 1 Step -1
      Print Mid(_____)
    Next i
End Sub
```

【题 5-22】 在窗体上添加一个命令按钮和一个文本框，然后编写命令按钮的 Click 事件过程。程序运行后，在文本框中输入一串英文字母（不区分大小写），单击命令按钮，程序可找出未在文本框中输入的其他所有英文字母，并以大写方式降序显示到 Text1 中。例如，若在 Text1 中输入的是 abDfdb，则单击 Command1 按钮后 Text1 中显示的字符串是 ZYXWVUTSRQPONMLKJIHGEC。请填空。

```
Private Sub Command1_Click()
  Dim str As String, s As String, c As String
  str = UCase(Text1)
  s = ""
  c = "Z"
  While c >= "A"
    If InStr(str, c) = 0 Then
      s =    [1]
    End If
    c = Chr$(Asc(c)    [2]    )
  Wend
  If s <> "" Then
    Text1 = s
  End If
End Sub
```

【题 5-23】 设有如下程序，以下程序的功能是＿＿[1]＿＿，程序运行后，单击窗体，输出结果为＿＿[2]＿＿。

```
Private Sub Form_Click()
    Dim a As Integer, s As Integer
    n = 8
    s = 0
    Do
      s = s + n
      n = n - 1
    Loop While n > 0
    Print s
End Sub
```

【题 5-24】 阅读下面的程序，其运行结果为＿＿＿＿＿。

```
Private Sub Form_Click()
    a = 0
    b = 1
    Print a;
    Print b;
    For i = 3 To 5
      c = a + b
```

```
        Print c;
        a = b
        b = c
    Next i
End Sub
```

【题 5-25】 求 1!+2!+…+10!的值。

```
Private Sub Form_Click()
    __[1]__
    s = 1
    For i = 2 To 10
       t = t * i
       __[2]__
       __[3]__
    Print s
End Sub
```

【题 5-26】 在窗体上添加了一个命令按钮 Command1，单击命令按钮 Command1，执行如下事件过程，该过程的功能是通过 For 循环计算一个表达式的值，这个表达式是 1/2+2/3+3/4+4/5。

```
Private Sub Command1_Click()
    Dim __[1]__ As Double, x As Double
    Dim n As Long
    Dim i As Integer
    sum = __[2]__
    n = 0
    For i = 1 To 5
       x = n / i
       n = n + 1
       sum = __[3]__
    Next
    Form1.Print sum
End Sub
```

【题 5-27】 在窗体上添加了一个命令按钮 Command1。单击命令按钮 Command1，执行如下事件过程，该过程的功能是生成 20 个 200～300 之间的随机整数，输出其中能被 5 整除的数，并求出它们的和。

```
Private Sub Command1_Click()
    Dim s As Integer
    s = __[1]__
    For i = 1 To 20
       Randomize
       x = Int(__[2]__ * 100 + 200)
```

```
        If x   [3]   5 = 0 Then
            Print x
            s = s + x
        End If
    Next i
    Print "Sum =";s
End Sub
```

【题 5-28】下面是一个体操评分程序，10 位评委，除去一个最高分和一个最低分，计算平均分（设满分为 10 分）。

```
Private Sub Command1_Click()
    Dim s As Integer
    Dim Max, Min As Integer
    Dim i, n, p As Integer
     [1]
    Min = 10
    For i = 1 To 10
        n = Val(InputBox("请输入分数："))
        If n > Max Then   [2]
        If n < Min Then Min = n
        s = s + n
    Next i
    s = s - Max   [3]
    p = s / 8
    Print "最高分  : "; Max
    Print "最低分  : "; Min
    Print "最后得分："; p
End Sub
```

第6章 常用标准控件

6.1 知 识 要 点

（1）单选钮和复选框的使用。
（2）列表框和组合框的使用。
（3）滚动条和计时器的使用。
（4）图形图像控件的使用。
（5）图形方法 Line 和 Circle 的使用。

6.2 实 战 测 试

6.2.1 选择题

【题 6-1】在窗体上添加一个名称为 Check1 的复选框，在程序运行的过程中，若选中复选框，则 Check1.Value 的值是_____。

A．True   B．2   C．0   D．1

【题 6-2】通过改变单选钮（OptionButton）控件的_____属性值，可以改变按钮的选取状态。

A．Value   B．Style   C．Appearance D．Caption

【题 6-3】下面说法不正确的是_____。

A．滚动条的重要事件是 Change 和 Scroll

B．框架的主要作用是将控件进行分组，以完成各自相对独立的功能

C．组合框是组合了文本框和列表框的特性而形成的一种控件

D．计时器控件可以通过对 Visible 属性的设置，在程序运行期间显示在窗体上

【题 6-4】程序运行后，以下能够触发滚动条 Scroll 事件的操作是_____。

A．当点击滚动条的两端箭头时

B．当点击滚动条的滑块与箭头之间的空白处区域时

C．当拖动滚动条的滑块时

D．拖动滚动条的滑块结束后

【题 6-5】用鼠标拖动滚动条中滚动框并释放，将触发滚动条的_____事件。

A．Scroll   B．Change C．KeyUp D．A 和 B

【题 6-6】在窗体上添加一个水平滚动条，名称为 HScroll1；再添加一个文本框，名称为 Text1。要想使用滚动条滑块的当前值来调整文本框中文字的大小，则可满足的语

句是_____。

A. Text1.FontName= HScroll1.Max   B. Text1.FontSize= HScroll1.Min

C. Text1.FontSize= HScroll1.Value   D. Text1.FontBold= HScroll1.Value

【题 6-7】在窗体上画一个名称为 Text1 的文体框，然后画一个名称为 HScroll1 的滚动条，其 Min 和 Max 属性分别为 0 和 100。程序运行后，如果移动滚动框，则在文本框中显示滚动条的当前值。以下能实现上述操作的程序段是_____。

A. ```
Private Sub HScroll1_Change()
    Text1.Text=HScroll1.Value
End Sub
```

B. ```
Private Sub HScroll1_Click()
    Text1.Text=HScroll1.Value
End Sub
```

C. ```
Private Sub HScroll1_Change()
    Text1.Text=HScroll1.Caption
End Sub
```

D. ```
Private Sub HScroll1_Click()
    Text1.Text=HScroll1.Caption
End Sub
```

【题 6-8】每次单击滚动条两端箭头时，滚动条变化值是 5，应设置它的_____属性。

A. SmallChange   B. LargeChange

C. Value   D. Fast

【题 6-9】如果列表框（List1）中没有被选定的项目，则执行 List1.RemoveItem List1.ListIndex 语句的结果是_____。

A. 移去第一项   B. 移去最后一项

C. 移去最后加入列表的选项   D. 以上都不对

【题 6-10】在窗体上添加一个名称为 List1 的列表框，一个名称为 Label1 的标签。列表框中显示若干城市的名称。当单击列表框中的某个城市名时，在标签中显示选中的城市名称。下列能正确实现上述功能的程序是_____。

A. ```
Private Sub Combo1_Click()
    Label1.Caption = List1.ListIndex
End Sub
```

B. ```
Private Sub Combo1_Click()
    Label1.Name = List1.ListIndex
End Sub
```

C. ```
Private Sub Combo1_Click()
    Label1.Caption = List1.Text
End Sub
```

D. ```
Private Sub Combo1_Click()
    Label1.Name = List1.Text
End Sub
```

【题 6-11】 引用列表框（List1）最后一个数据项应使用的表达式是_____。

A．List1.List(List1.ListCount)　　　B．List1.List(List1.ListCount-1)

C．List1.List(ListCount)　　　　　　D．List1.List(ListCount-1)

【题 6-12】 设组合框 Combo1 中有三个项目，以下能删除最后一项的语句是_____。

A．Combo1.RemoveItem Text

B．Combo1.RemoveItem 2

C．Combo1.RemoveItem 3

D．Combo1.RemoveItem Combo1.ListCount

【题 6-13】 组合框有三种风格，它们由 Style 属性所决定，其中为下拉组合框时，Style 属性值应为_____。

A．0　　　　　B．1　　　　　C．2　　　　　D．3

【题 6-14】 语句 List1.RemoveItem1 将删除 List.ListIndext 等于_____的项目。

A．0　　　　　B．1　　　　　C．2　　　　　D．3

【题 6-15】 若要清除列表框的所有内容，可用来实现的方法是_____。

A．RemoveItem　　　　　　　　B．Cls

C．Clear　　　　　　　　　　　D．以上均不可以

【题 6-16】 为组合框 Combo1 增加数据项 "计算机"，下列命令正确的是_____。

A．Combo1.Text ="计算机"　　　　B．Combo1.ListIndex ="计算机"

C．Combo1.AddItem "计算机"　　　D．Combo1.AddItem ="计算机"

【题 6-17】 为了使列表框中的项目呈多列显示，需要设置的属性为_____。

A．Columns　　　B．Style　　　C．List　　　　D．MultiSelect

【题 6-18】 为了停止计时器控件计时，需要设置计时器控件的属性是_____。

A．Name　　　　B．Index　　　C．Tag　　　　D．Interval

【题 6-19】 若想使计时器控件每隔 0.25 秒触发一次 Timer()事件，则可将 Interval 属性值设为_____。

A．0.25　　　　B．25　　　　C．250　　　　D．2500

【题 6-20】 计时器的 Interval 属性为 0 时，表示_____。

A．计时器失效　　　　　　　　B．相隔 0 秒

C．相隔 0 毫秒　　　　　　　　D．计时器的 Enable 属性为 False

【题 6-21】 下面_____对象在运行时一定不可见。

A．Shape　　　B．Timer　　　C．TextBox　　　D．OptionButton

【题 6-22】 在窗体上画一个文本框和一个计时器控件，名称分别为 Text1 和 Timer1，在属性窗口中将计时器的 Interval 属性设置为 1000，Enabled 属性设置为 False。程序运行后，如果单击命令按钮，则每隔一秒钟在文本框中显示一次当前的时间。以下是实现上述操作的程序，在_____处应填入：

```
Private Sub Command1_Click()
    Timer1. _____
End Sub
Private Sub Timer1_Timer()
```

```
    Text1.Text = Time
End Sub
```

A. Enabled=True   B. Enabled=False

C. Visible=True   D. Visible=False

6.2.2 填空题

【题 6-23】在窗体中添加一个列表框，然后编写如下两个事件过程。

```
Private Sub Form_Click()
    List1.RemoveItem 1
    List1.RemoveItem 3
    List1.RemoveItem 2
    List1.RemoveItem 0
End Sub
Private Sub Form_Load()
    List1.AddItem "AA"
    List1.AddItem "BB"
    List1.AddItem "CC"
    List1.AddItem "DD"
    List1.AddItem "EE"
End Sub
```

程序运行，当单击窗体后列表框中剩余的数据为_____。

【题 6-24】在窗体中添加一个组合框，然后编写如下事件过程。

```
Private Sub Form_Click()
  For i=0 to 5
      Combo1.AddItem i
   Next i
   For i= 1 to 3
      Combo1.RemoveItem i
   Next i
   Print Combo1.List(2)
End Sub
```

运行程序后，组合框中数据项的值是_____。

【题 6-25】在窗体上添加一个列表框和一个文本框，然后编写如下两个事件过程。

```
Private Sub Form_Load()
    List1.AddItem "a"
    List1.AddItem "b"
    List1.AddItem "c"
    List1.AddItem "d"
    Text1.Text=""
```

```
End Sub
Private Sub List1_DblClick()
    M = List1.Text
    Print M + Text1.Text
End Sub
```

程序运行后,在文本框中输入"e",然后双击列表框中的"d",则输出结果为＿＿＿＿。

【题 6-26】在窗体上添加一个名称为 Timer1 的计时器控件和一个名称为 Label1 的标签。运行程序后,在标签中显示当前时间的数字时钟(包括"时:分:秒"),程序运行结果如题图 6.1 所示。请将程序补充完整。

```
Private Sub Form_Load()
    Timer1.Interval=1000
End Sub
Private Sub Timer1_Timer()

    _____
End Sub
```

题图 6.1　显示时间

【题 6-27】在窗体上添加一个标签,其名称为 Label1,Caption 属性值为"环保第一";添加两个复选框,其名称分别为 Check1 和 Check2,Caption 属性值分别为"粗体字"和"下划线";添加一个命令按钮,Caption 属性值为"确定"。程序运行时,如果只选"粗体字",单击"确定"按钮后,则"环保第一"字体加粗。如果"粗体字"和"下划线"同时选择,单击"确定"按钮后,则"环保第一"字体加粗且有下划线。如果只选"下划线",单击"确定"按钮后,则"环保第一"字体非粗体,但有下划线。如果什么都不选,单击"确定"按钮后,则"环保第一"字体非粗体,且不加下划线。请将程序补充完整。

```
Private Sub Command1_Click()
    If   [1]   Then
        Label1.FontBold = True
    Else
        Label1.FontBold = False
    End If
    If   [2]   Then
        Label1.FontUnderline = True
    Else
        Label1.FontUnderline = False
    End If
End Sub
```

【题 6-28】在窗体上有两个列表框 List1 和 List2,以及标签 Label1。程序功能为:随机生成 100 个 0~20 的随机数添加到 List1 中,并将这些随机数中的零元素删除,添加到 List2 中。最后在 Label1 中显示零元素个数,请将程序补充完整。

```
Private Sub Form_Load()
```

```vb
Dim n As Integer
Dim i, x, k As Integer
Dim a(100) As Integer, b(100) As Integer
Randomize
n = 100
For i = 1 To    [1]
    x = Int(21 *    [2]    )
    List1.AddItem x
    a(i) = x
Next i
k = 0
For i = 1 To n                '删除零元素
    If a(i) <> 0 Then
        [3]
        b(k) = a(i)
        List2.AddItem b(k)
    End If
Next i
Label1.Caption = "数组中零元素个数：" + Str(n - k)
End Sub
```

第 7 章 数　　组

7.1　知 识 要 点

（1）掌握静态数组的定义及操作。
（2）掌握动态数组的定义及操作。
（3）掌握控件数组的使用。

7.2　实 战 测 试

7.2.1　选择题

【题 7-1】下列程序的运行结果为_____。

```
Private Sub Form_Click()
   Dim a
   a = Array(1, 2, 3, 4, 5)
   For i = LBound(a) To UBound(a)
     a(i) = i * a(i)
   Next i
   Print i, LBound(a), UBound(a), a(i)
End Sub
```

A. 4 0 4 25
B. 5 0 4 25
C. 不确定
D. 程序出错

【题 7-2】下列数组声明正确的是_____。

A. `n = 5`
   `Dim a(1 To n) As Integer`
B. `Dim a(10) As Integer`
   `ReDim a(1 To 12)`
C. `Dim a() As Single`
   `ReDim a(3, 4) As Integer`
D. `Dim a() As Integer`
   `n = 5`
   `ReDim a(1 To n) As Integer`

【题 7-3】在 Activate 事件过程中，写入下面的程序。

```
Option Base 1
Private Sub Form_Activate()
   Dim t As Integer
   Dim a() As Variant
```

```
    a = Array(2, 4, 6, 8, 10, 1, 3, 5, 7, 9)
    For i = 1 To 10 \ 2
      t = a(i)
      a(i) = a(10 - i + 1)
      a(10 - i + 1) = t
    Next i
    For j = 1 To 10
      Print a(j);
    Next j
  End Sub
```

运行程序时，显示的结果是_____。

A. 2 4 6 8 10 1 3 5 7 9　　　　　B. 1 3 5 7 9 2 4 6 8 10

C. 9 7 5 3 1 10 8 6 4 2　　　　　D. 10 8 6 4 2 9 7 5 3 1

【题 7-4】阅读下面程序。

```
    Option Base 1
    Private Sub Form_Click()
      Dim a() As Integer
      Redim a(3,2)
      For i =1 To 3
        For j =1 to 2
          a(i, j) = i * 2 + j
        Next j
      Next i
      ReDim Preserve a(3,4)
      For j = 3 To 4
        a(3, j) = 9 + j
      Next j
      Print a(3, 2), a(3, 4)
    End Sub
```

程序运行后，单击窗体，输出结果为_____。

A. 8　　　13　　　B. 0　　13　　　C. 7　　12　　　D. 0　　0

【题 7-5】已知在四行三列的全局数组 score(4,3)中存放了四个学生三门课程的考试成绩（均为整数）。现需要计算每个学生的总分，某人编写程序如下。

```
    Option Base 1
    Private Sub Command1_Click()
      Dim sum As Integer
      sum=0
      For i=1 To 4
        For j=1 To 3
          sum = sum + score(i,j)
```

```
        Next j
        Print "第" & i & "个学生的总分是: "; sum
     Next i
  End Sub
```

运行此程序时发现，除第一个人的总分计算正确外，其他人的总分是错误的。程序需要修改。以下修改方案中正确的是_____。

A．把外层循环语句 For i=1 To 4 改为 For i=1 To 3

内层循环语句 For j=1 To 3 改为 For j=1 To 4

B．把 sum=0 移到 For i=1 To 4 和 For j=1 To 3 之间

C．把 sum = sum+score(i,j)改为 sum=sum+score(j,i)

D．把 sum=sum+score(i,j)改为 sum=score(i,j)

【题 7-6】窗体上有名称分别为 Text1、Text2 的两个文本框，有一个由三个单选钮构成的控件数组 Option1，如题图 7.1 所示。程序运行后，如果单击某个单选钮，则执行 Text1 中的数值与该单选钮所对应的运算（乘以 1、10、或 100），并将结果显示在 Text2 中，如题图 7.2 所示。为了实现上述功能，在程序中的空白处应填入的内容是_____。

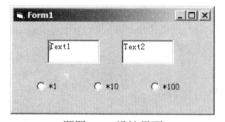

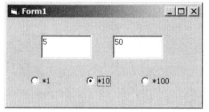

题图 7.1 设计界面

题图 7.2 运行结果

```
Private Sub Option1_Click(Index As Integer)
   If Text1.Text <> "" Then
      Select case _____
         Case 0
            Text2.Text = Val(Text1.Text)
         Case 1
            Text2.Text = Val(Text1.Text) * 10
         Case 2
            Text2.Text = Val(Text1.Text) * 100
      End Select
   End If
End Sub
```

A．Index   B．Option1.Index

C．Option1(Index)   D．Option1(Index).Value

【题 7-7】窗体的 Form_Click()事件过程如下，单击窗体后，窗体上的显示结果是_____。

```
Private Sub Form_Click()
```

```
        Dim a(4) As Byte, i As Byte
        a(0) = 1
        For i = 1 To 4
          a(i) = a(i - 1) + i
          Print a(i);
        Next i
    End Sub
```

　　A. 1 3 5 7 　　　　B. 2 4 7 11 　　　　C. 2 4 6 8 　　　　D. 1 2 4 7

【题 7-8】窗体的 Form_Click() 事件过程如下，单击窗体后的显示结果是_____。

```
    Option Base 1
    Private Sub Form_Click()
        Dim a(4, 4) As Byte, i As Byte, j As Byte
        For i = 1 To 4
          For j = 1 To 4
            a(i, j) = i + j
            If i = j Then
                Print a(5 - i, 5 - j);
            End If
          Next j
          Print
        Next i
    End Sub
```

　　A. 0 0 4 2 　　　　B. 2 4 6 8 　　　　C. 0 0 2 4 　　　　D. 8 6 4 2

7.2.2　填空题

【题 7-9】设有如下程序，该程序的功能是用 Array 函数建立一个含有八个元素的数组，然后查找并输出该数组中的最小值，请填空。

```
    Option Base 1
    Private Sub Command1_Click()
        Dim arr1
        Dim Min As Integer, i As Integer
        arr1 = Array(12, 435, 76, -24, 78, 54, 866, 43)
        Min =  [1]
        For i = 2 To 8
          If arr1(i) < Min Then   [2]
        Next i
        Print "最小值是:"; Min
    End Sub
```

【题 7-10】在窗体上添加一个命令按钮，编写如下事件过程。

```
    Option Base 1
```

```
Private Sub Command1_Click()
    Dim a
    a = Array(1, 3, 5, 7, 9)
    j = 1
    For i = 5 To 1 Step -1
        s = s + a(i) * j
        j = j * 10
    Next i
    Print s
End Sub
```

运行程序，单击命令按钮，输出结果是_____。

【题 7-11】完成程序，使程序输出如下所示。

```
0   1   1   1   1   1
2   0   1   1   1   1
2   2   0   1   1   1
2   2   2   0   1   1
2   2   2   2   0   1
2   2   2   2   2   0
```

```
Private Sub Form_Load()
    Show
    Dim a(6, 6) As Integer
    Dim i%, j%, k%, t As Integer
    For i = 1 To  [1]
        For j = 1 To 6
            Select Case  [2]
                Case Is < j
                    a(i, j) = 1
                Case Is > j
                    a(i, j) = 2
                Case Is = j
                     [3]
            End Select
            Print a(i, j);
        Next j
        Print
    Next i
End Sub
```

【题 7-12】如题图 7.3 所示，在窗体上添加一个名称为 Text1 的文本框，三个单选钮，并用这三个单选钮建立一个控件数组，名称为 Option1。程序运行后，如果单击某个单选钮，则文本框中的字体将根据所选择的单选钮切换，请填空。

```
Private Sub Option1_Click(Index As Integer)
    Select Case   [1]
        Case 0
            a = "宋体"
        Case 1
            a = "黑体"
        Case 2
            a = "楷体__GB2312"
    End Select
    text1.  [2]   =a
End Sub
```

题图 7.3　运行结果

第8章 过 程

8.1 知 识 要 点

（1）掌握 Sub 过程和 Function 过程的建立与使用。
（2）掌握参数的传递。
（3）掌握多窗体的建立及使用。
（4）掌握变量的作用范围。

8.2 实 战 测 试

8.2.1 选择题

【题 8-1】子过程 Sub...End Sub 的形式参数可以是_____。
A. 常数、简单变量、数组变量和运算式
B. 简单变量、数组变量和数组元素
C. 常数、简单变量、数组变量
D. 简单变量、数组变量和运算式

【题 8-2】编写如下事件过程，程序运行时，单击窗体后，窗体上显示的值是_____。

```
Private Sub Form_Click()
    Dim a As Integer, b As Integer
    a = 10: b = 20
    Call p(a, b)
    Print "a = "; a; "b = "; b
End Sub
Private Sub p(ByVal x As Integer, y As Integer)
    x = 5
    y = x + y
End Sub
```

A. a = 10　b = 25　　　　　　B. a = 25　b = 10
C. a = 10　b = 20　　　　　　D. a = 10　b = 5

【题 8-3】有如下的程序，当运行程序后，显示的结果是_____。

```
Private Sub Form_Click()
    Dim a As Integer, b As Integer
```

```
        a = 8
        b = 3
        Call test(6, a, b + 1)
        Print "主程序", 6, a, b
    End Sub
    Sub test(x As Integer, y As Integer, z As Integer)
        Print "子程序", x, y, z
        x = 2
        y = 4
        z = 9
    End Sub
```

A. 子程序 6 8 4　　　　　　　　B. 主程序 6 4 3

　　主程序 6 4 3　　　　　　　　　子程序 6 8 4

C. 子程序 2 4 9　　　　　　　　D. 子程序 6 8 4

　　主程序 6 4 3　　　　　　　　　主程序 2 4 10

【题 8-4】阅读程序，运行程序时，单击命令按钮，输出结果为_____。

```
    Function F(a As Integer)
        b = 0
        Static c
        b = b + 1
        c = c + 2
        F = a + b + c
    End Function
    Private Sub Command1_Click()
        Dim a As Integer
        a = 2
        For i = 1 To 3
          Print F(a);
        Next i
    End Sub
```

A. 2　3　5　　　　　　　　　B. 5　9　7

C. 5　7　9　　　　　　　　　D. 9　7　5

【题 8-5】阅读下面的程序，运行程序，在 InputBox 框中输入 123456，然后单击输入框的"确定"按钮，则输出结果是_____。

```
    Private Sub Form_Click()
        Dim a As Long, b As Long
        a = InputBox("")
        Call P(a, b)
        Print b
    End Sub
```

```
Private Sub P(x As Long, y As Long)
   Dim n As Integer, j As String * 1, s As String
   k = Len(Trim(Str(x)))
   s = ""
   For i = k To 1 Step -1
     j = Mid(x, i, 1)
     s = s + j
   Next i
   y = Val(s)
End Sub
```

A. 1　　　　　B. 123456　　　C. 6　　　　　　D. 654321

【题 8-6】在窗体上添加一个命令按钮，程序运行时单击 Command1 后，窗体上的输出结果为_____。

```
Private Sub fun(a%, ByVal b%)
   a = a * 2
   b = b * 2
End Sub
Private Sub Command1_Click()
   Dim x%, y%
   x = 10
   y = 20
   Call fun(x, y)
   Print x; y
End Sub
```

A. 10　20　　　B. 10　40　　　C. 20　40　　　D. 20　20

【题 8-7】单击命令按钮后，下列程序的执行结果是_____。

```
Private Sub Command1_Click()
   s=P(4) + P(3) + P(2) + P(1)
   Print s
End Sub
Public Function P(N As Integer)
   Static Sum
   For i=1 To N
     Sum=Sum + i
   Next i
   P=Sum
End Function
```

A. 35　　　　　B. 45　　　　　C. 55　　　　　D. 65

【题 8-8】在窗体上画一个命令按钮，然后编写下列程序，连续三次单击命令按钮，输出的结果是_____。

```
Private Sub Command1_Click()
    Tt 3
End Sub
Sub Tt(a As Integer)
    Static x As Integer
    x=x * a + 1
    Print x;
End Sub
```

　A. 1　5　8　　　B. 1　4　13　　　C. 3　7　4　　　D. 2　4　8

【题 8-9】窗体上有一个名称为 Picture1 图片框控件，一个名称 Label1 的标签控件。现有如下程序，下列叙述中错误的是_____。

```
Public Sub display(x As Control)
    If TypeOf x is Label Then
        x.Caption="计算机等级考试"
    Else
        x.Picture = LoadPicture(App.path+"\pic.jpg")
    EndIf
End Sub
Private Sub Label1_Click()
    Call display(Label1)
End Sub
Private Sub Picture1_Click()
    Call display(Picture1)
End Sub
```

　A. 程序运行时会出错　　　　　　B. 单击图片框，在图片框中显示一幅图片
　C. 过程中的 x 是控件变量　　　　D. 单击标签，在标签中显示一串文字

8.2.2　填空题

【题 8-10】下列程序运行后，单击窗体，能求出并在窗体上显示 1、1+2、1+2+3、1+2+3+4、1+2+3+4+5 的和。请将程序补充完整。

```
Private Sub Form_Click()
    Dim i As Integer, tt As Integer
    For i = 1 To 5
        tt = sum(i)
        Print "tt = "; tt,
    Next i
End Sub
Private Function Sum(___[1]___)
    ___[2]___
    j = j + n
```

```
    sum = j
End Function
```

【题 8-11】以下程序是计算 $s = 1 + \dfrac{1}{1!} + \dfrac{1}{2!} + \cdots \dfrac{1}{10!}$，请填空。

```
Private Sub Form_Click()
    Dim s As Single, m As Integer, p#
    s = 1
    For m = 1 To 10
       p=  [1]
       s = s + 1 / p
    Next m
    Print s
End Sub
Function n(k%)
    p = 1
    For m = 1 To k
       p =  [2]
    Next m
     [3]
End Function
```

第9章 图形操作

9.1 知识要点

（1）图形操作基础。
（2）图形图像控件的使用。
（3）图形方法 Line 和 Circle 的使用。

9.2 实战测试

9.2.1 选择题

【题 9-1】VB 中的坐标原点位于_____。

A. 容器右上角   B. 容器左上角

C. 容器正中央   D. 容器右下角

【题 9-2】以下不具有 Picture 属性对象是_____。

A. 窗体   B. 图片框   C. 图像框   D. 文本框

【题 9-3】_____对象不能作为控件的容器。

A. Form   B. PictureBox   C. Shape   D. Frame

【题 9-4】要在图片框 P1 中打印字符串"HowAreYou"，应使用语句_____。

A. Picture1.Print = "HowAreYou"   B. P1.Picture=LoadPicture("HowAreYou")

C. P1.Print "HowAreYou"   D. Print "HowAreYou"

【题 9-5】在窗体中添加一个形状控件 Shape1，显示一个椭圆，则需要在窗体事件代码中加入的语句为_____。

A. Shape1.Shape = 1   B. Shape1.Shape = 2

C. Shape1.Shape = 3   D. Shape1.Shape = 4

【题 9-6】在程序中将图片文件 mypic.jpg 装入图片框 Picture1 的语句是_____。

A. Picture1.Picture="mypic.jpg"

B. Picture1.Image="mypic.jpg"

C. Picture1.Picture=LoadPicture("mypic.jpg")

D. LoadPicture("mypic.jpg")

【题 9-7】在程序代码中清除图片框 Picture1 中的图形的正确语句是_____。

A. Picture1.Picture   B. Picture1.Picture=LoadPicture("")

C. Picture1.Image=""   D. Picture1.Picture=null

【题 9-8】为了使图片框大小适应图片的大小，下面属性设置正确的是_____。

A．AutoSize= True　　　　　　　　B．AutoSize= False

C．AutoRedraw= True　　　　　　　D．AutoRedraw= False

【题 9-9】Cls 方法可以清除的窗体或图片框中的信息是_____。

A．Picture 属性设置的背景图案

B．在设计时放置的控件

C．程序运行时产生的图形和文字

D．以上方法都对

【题 9-10】Cls 方法对_____控件有效。

A．窗体、图像框　　　　　　　　　B．窗体、图片框

C．屏幕、窗体　　　　　　　　　　D．图像框、图片框

【题 9-11】若要在图片框中绘制一个椭圆，使用的方法是_____。

A．Circle　　　　　B．Line　　　　　C．Point　　　　　D．Pset

9.2.2　填空题

【题 9-12】编写一个缩放图片的程序。在窗体上添加三个命令按钮，名称为 Command1～Command3，标题分别为"放大"、"缩小"、"全屏"。再添加一个图像框，名称为 Image1，在属性窗口中利用 Picture 属性为图像框添加一幅任意图片。程序运行时，如题图 9.1 所示，单击"放大"或"缩小"按钮时图片进行放大或缩小；单击"全屏"按钮时图片在窗体中全屏显示。完善下列程序。

题图 9.1　缩放图片

```
Private Sub Form_Load()
    Image1.Height = 384
    Image1.Width = 384
End Sub
Private Sub Command1_Click()
    If Image1.Height < Form1.ScaleHeight - 50 Then
        Image1.Height = _[1]_ + 50
        Image1.Width = Image1.Width + 73
    End If
End Sub
Private Sub Command2_Click()
```

```
        If Image1.Height > 50 And Image1.Width > 60 Then
            Image1.Height = Image1.Height - 50
            Image1.Width = Image1.Width - 73
        End If
    End Sub
    Private Sub Command3_Click()
        Image1.Height =  [2]
        Image1.Width =  [3]
    End Sub
```

【题 9-13】在窗体上添加两个 Line 控件，名称分别为 Line1 和 Line2，垂直位于窗体的左右两侧。添加一个计时器控件 Timer1，设置其 Interval 属性值为 100；再添加一个 Shape 控件，名称为 Shape1，设置其 Shape 属性值为 3，使其显示为一个圆，填充色为蓝色。程序运行时，如题图 9.2 所示，Shape1 会自动在 Line1 与 Line2 之间往复运动。当 Shape1 的右端运动到 Line2 时，自动改变方向向左运动；当 Shape1 的左端运动到 Line1 时，自动改变方向向右运动。完善下列程序。

题图 9.2　运行界面

```
    Dim s As Integer
    Private Sub Form_Load()
        s = 50
    End Sub
    Private Sub Timer1_Timer()
        Shape1.Move Shape1.Left + s, Shape1.Top
        If Shape1.Left +  [1]  >= Line2.X1 Then
            s = -s
        End If
        If Shape1.Left <=  [2]  Then
            s = -s
        End If
    End Sub
```

第 10 章 键盘与鼠标事件

10.1 知 识 要 点

（1）键盘的 KeyPress 事件。

（2）键盘的 KeyDown 事件和 KeyUp 事件。

（3）鼠标事件 MouseDown、MouseUp 和 MouseMove。

10.2 实 战 测 试

10.2.1 选择题

【题 10-1】以下叙述中错误的是_____。

A. 在 KeyPress 事件过程中不能识别键盘的按下与释放

B. 在 KeyPress 事件过程中不能识别 Enter 键

C. 在 KeyDown 和 KeyUp 事件过程中，将键盘输入的 "A" 和 "a" 视作相同的字母

D. 在 KeyDown 和 KeyUp 事件过程中，从大键盘上输入的 "1" 和从右侧小键盘上输入的 "1" 被视作不同的字符

【题 10-2】与键盘操作有关的事件有 KeyPress、KeyUp 和 KeyDown 事件，当用户按下并且释放一个按键后，这三个事件发生的顺序是_____。

A. KeyDown、KeyPress、KeyUp   B. KeyDown、KeyUp、KeyPress

C. KeyPress、KeyDown、KeyUp   D. 没有规律

【题 10-3】编写如下事件过程。

```
Private Sub Form_MouseDown(Button As Integer,Shift As Integer,_
X As Single,Y As Single)
    If Shift=6 And Button=2 Then
        Print "Hello"
    End if
End Sub
```

程序运行后，为了在窗体上输出"Hello"，应在窗体上执行的操作为_____。

A. 同时按下 Shift 键和鼠标左键

B. 同时按下 Shift 键和鼠标右键

C. 同时按下 Ctrl、Alt 键和鼠标左键

D. 同时按下 Ctrl、Alt 键和鼠标右键

【题 10-4】在窗体上画一个文本框，其名称为 Text1，然后编写如下过程。

```
Private Sub Text1_KeyDown(KeyCode As Integer,Shift As Integer)
    Print Chr(KeyCode);
End Sub
Private Sub Text1_KeyUp(KeyCode As Integer, Shift As Integer)
    Print Chr(KeyCode+2)
End Sub
```

程序运行后，把焦点移到文本框中，此时如果敲击"A"键，则输出结果为_____。

A. AA　　　　　　B. AB　　　　　　C. AC　　　　　　D. AD

【题 10-5】在窗体上画一个命令按钮，名称为 Command1，然后编写如下程序。

```
Dim Flag As Boolean
Private Sub Command1_Click()
    Dim intNum As Integer
    intNum=InputBox("请输入: ")
    If Flag Then
        Print F (intNum)
    End If
End Sub
Function F (X As Integer) As Integer
    If X<10 Then
        Y=X
    Else
        Y=X+10
    End If
    f=Y
End Function
Private Sub Form_MouseUp(Button As Integer,Shift As Integer,_
X As Single,Y As Single)
    Flag=True
End Sub
```

运行程序，首先单击窗体，然后单击命令按钮，在输入对话框中输入 5，则程序的输出结果为_____。

A. 0　　　　　　B. 5　　　　　　C. 15　　　　　　D. 无任何输出

【题 10-6】把窗体的 KeyPreview 属性设置为 True，然后编写如下事件过程。

```
Private Sub Form_KeyPress(KeyAscii As Integer)
    Dim ch As String
    ch = Chr(KeyAscii)
    KeyAscii = Asc(UCase(ch))
    Print Chr(KeyAscii + 2)
End Sub
```

程序运行后，按键盘上的"a"键，则在窗体上显示的内容是_____。

A. A   B. B   C. C   D. D

10.2.2 填空题

【题 10-7】在窗体上添加一个名称为 Combo1 的
组合框，添加两个名称分别为 Label1 和 Label2 的标
签，其 Caption 属性为"城市名称"和空白。程序运
行后，在组合框中输入一个新项并按 Enter 键（ASCII
码为 13），若输入项在组合框的列表中不存在，则自
动添加到列表中，并在 Label2 中给出提示"已成功添
加输入项"，程序运行结果如题图 10.1 所示；如果存
在，则在 Label2 中给出提示"输入项已在组合框中"。
请将程序补充完整。

题图 10.1 在组合框中添加城市名称

```
Private Sub Combo1_KeyPress(KeyAscii As Integer)
    If KeyAscii = 13 Then
        For i = 0 To Combo1.ListCount - 1
            If Combo1.Text =  [1]   Then
                Label2.Caption = "输入项已在列表框中"
                Exit Sub
            End If
        Next i
        Label2.Caption = "已成功添加输入项"
        Combo1.  [2]    Combo1.Text
    End If
End Sub
```

【题 10-8】在窗体上添加两个文本框，其名称分别为 Text1 和 Text2，然后编写如下
事件过程。

```
Private Sub Form_Load()
    Text1.Text=""
    Text2.Text=""
    Text2.SetFocus
End Sub
Private Sub Text2_KeyDown(KeyCode As Integer, Shift As Integer)
    Text1.Text= Text1.Text +Chr(KeyCode - 4 )
End Sub
```

程序运行后，在 Text2 中输入 efghi 时，Text1 的内容为_____。

【题 10-9】在窗体上添加一个文本框，编写如下事件过程。当程序运行时，输入"a"，
则文本框中的内容为_____。

```
Private Sub Text1_KeyPress(KeyAscii As Integer)
    Dim c As String
    c = UCase(Chr(KeyAscii))
    KeyAscii = Asc(c)
        Text1.Text = String(2, KeyAscii)
End Sub
```

【题 10-10】以下程序运行后，单击鼠标左键，则窗体上显示_____。

```
Private Sub Form_MouseDown(Button As Integer, Shift As Integer,_
X As Single, Y As Single)
   Button = Button * 2
   Select Case Button
     Case 1
       Print "北京"
     Case 2
       Print "上海"
     Case 3
       Print "天津"
   End Select
End Sub
```

【题 10-11】以下程序运行后，如果右击鼠标，则输出结果为_____。

```
Private Sub Form_MouseDown(Button As Integer, Shift As Integer,_
X As Single, Y As Single)
   If Button = 2 Then
     Print "****"
   End If
End Sub
Private Sub Form_MouseUp(Button As Integer, Shift As Integer,_
X As Single, Y As Single)
   Print "####"
End Sub
```

【题 10-12】在窗体上添加一个命令按钮和一个文本框，其名称分别为 Command1 和 Text1，然后编写如下代码。

```
Dim SaveAll As String
Private Sub Command1_Click()
    Text1.Text=Left(UCase(SaveAll), 4)
End Sub
Private Sub Text1_KeyPress(KeyAscii As Integer)
    SaveAll=SaveAll+Chr(KeyAscii)
End Sub
```

程序运行后，在文本框中输入 abcdefg，单击命令按钮，则文本框中显示的内容是_____。

第 11 章　菜单程序设计

11.1　知 识 要 点

（1）利用菜单编辑器建立下拉式菜单和弹出式菜单的方法。
（2）菜单项常用属性和事件。
（3）编写简单的菜单程序。

11.2　实 战 测 试

11.2.1　选择题

【题 11-1】打开菜单编辑器的方法有四种，在下面的选项中不能打开菜单编辑器的操作是＿＿＿＿。

　　A．选择"工具"下拉菜单中的"菜单编辑器"选项
　　B．单击工具栏中的"菜单编辑器"按钮
　　C．在"窗体窗口"上右击鼠标，选择弹出菜单中的"菜单编辑器"选项
　　D．按 Ctrl+O 组合键

【题 11-2】下面四个选项中，错误的选项是＿＿＿＿。

　　A．菜单名称是显示在菜单项上的字符串
　　B．菜单名称是程序引用菜单项的标识
　　C．菜单名称是设置菜单项属性的对象
　　D．菜单名称是引用菜单项属性的对象

【题 11-3】下面的叙述中错误的是＿＿＿＿。

　　A．在同一窗体的菜单项中，不允许出现标题相同的菜单项
　　B．在菜单的标题栏中，&所引导的字母指明了访问该菜单项的访问键
　　C．程序运行过程中，可以重新设置菜单的 Visible 属性
　　D．弹出式菜单也要在菜单编辑器中定义

【题 11-4】若菜单项前面没有内缩符号"…"，表示该菜单项是＿＿＿＿。

　　A．主菜单项　　　B．子菜单项　　　C．下拉式菜单　　D．弹出式菜单

【题 11-5】若想设置菜单项的访问键，应在菜单项的标题中加入的符号是＿＿＿＿。

　　A．|　　　　　　B．&　　　　　　C．@　　　　　　D．%

【题 11-6】在菜单编辑器窗口要使选定的菜单项前减少一个内缩符号"…"，应单击菜单编辑区的＿＿＿＿。

　　A．左箭头　　　B．右箭头　　　C．上箭头　　　D．下箭头

【题 11-7】在用菜单编辑器设计菜单时，必须输入的项是_____。

A．快捷键　　　　B．标题　　　　C．索引　　　　D．名称

【题 11-8】在下列关于菜单的说法中，错误的是_____。

A．每个菜单项都是一个控件，与其他控件一样有自己的属性和事件

B．除了 Click 事件之外，菜单项还能响应其他的事件

C．菜单项的快捷键不能任意设置

D．在程序执行时，如果菜单项的 Enabled 属性为 False，则不能被用户选择

【题 11-9】为菜单项设置热键（访问键）的方法是：在设置控件的_____属性时，在作为热键的字符前加上"&"。

A．Caption　　　　B．Name　　　　C．Checked　　　　D．Index

【题 11-10】设菜单中有一个菜单项为"Open"，若要为该菜单命令设置访问键，即按下 Alt 及字母"O"时，能够执行"Open"命令，则在菜单编辑器中设置"Open"命令的方式是_____。

A．把 Caption 属性设置为&Open　　　B．把 Caption 属性设置为 O&pen

C．把 Name 属性设置为&Open　　　　D．把 Name 属性设置为 O&pen

【题 11-11】设在菜单编辑器中定义了一个菜单项，名为 Menu1。为了在运行时隐藏该菜单项，应使用的语句是_____。

A．Menu1.Enabled=True　　　　　　B．Menu1.Enabled=False

C．Menu1.Visible=True　　　　　　　D．Menu1.Visible=False

【题 11-12】要使菜单项 Menu1 在程序运行时变为灰色，使用的语句是_____。

A．Menu1.Enabled=True　　　　　　B．Menu1.Enabled=False

C．Menu1.Visible=True　　　　　　　D．Menu1.Visible=False

【题 11-13】以下关于菜单的叙述中，不正确的是_____。

A．在程序运行过程中能够增加或减少菜单项

B．使菜单项的 Enabled 属性为 False，则可删除该菜单项

C．弹出式菜单在菜单编辑器中设计

D．利用菜单控件数组可以实现菜单项的增加或减少

【题 11-14】如果要在程序中显示一个弹出式菜单，则要调用 VB 中提供的_____方法。

A．Print　　　　B．Move　　　　C．Refresh　　　　D．PopupMenu

【题 11-15】假定有如下事件过程，则以下描述中错误的是_____。

```
Private Sub Form_MouseDown(Button As Integer, Shift As Integer,_
X As Single, Y As Single)
    If Button=1 Then
      PopupMenu Popform
    End If
End Sub
```

A．该过程的作用是弹出一个菜单

B．Popform 是在菜单编辑器中定义的弹出式菜单的名称

C．Button=1 表示按下的是鼠标右键

D．参数 X、Y 指明鼠标的当前位置

【题 11-16】假定已经建立了一个菜单，其结构如题表 11.1 所示。在窗体上添加一个名称为 C1 的命令按钮，要求在运行时，如果单击命令按钮，则把菜单项"按姓名查询"设置为无效，正确的事件过程是_____。

题表 11.1 菜单结构

标　　题	名　　称	层　　次
数据库操作	Db	1
添加记录	Append	2
查询记录	Query	2
按姓名查询	Qname	3
按学号查询	Qnumber	3
删除记录	Delete	2

A．```
Private Sub C1_Click()
    Query.Qname.Enabled=False
End Sub
```
B．```
Private Sub C1_Click()
    Db.Query.Qname.Enabled=False
End Sub
```
C．```
Private Sub C1_Click()
    Qname.Enabled=False
End Sub
```
D．```
Private Sub C1_Click()
    Me.Db.Query.Qname.Enabled=False
End Sub
```

【题 11-17】设有如题表 11.2 所示的菜单结构：要求程序运行后，如果单击菜单项"大图标"，则在该菜单项前添加一个"√"。正确的事件过程是_____。

题表 11.2 菜单结构

标　　题	名　　称	层　　次
显示	Appear	1
大图标	Bigicon	2
小图标	Smallicon	2

A．```
Private Sub Bigicon_Click()
    Bigicon.Checked=False
End Sub
```
B．```
Private Sub Bigicon_Click()
    Appear.bigicon.Checked=False
End Sub
```
C．```
Private Sub Bigicon_Click()
    Bigicon.Checked=True
```
```

```
    End Sub
D. Private Sub Bigicon_Click()
        Appear.bigicon.Checked=True
    End Sub
```

【题 11-18】假定已经在菜单编辑器中建立了弹出式菜单 a1。在执行下面的事件代码后，单击鼠标左键或右键都可以弹出菜单的是_____。

```
A. Private Sub Form_MouseDown(Button As Integer, Shift As Integer,_
   X As Single, Y As Single)
      If Button=1 And Button=2 Then
          PopupMenu a1
      End If
   End Sub
B. Private Sub Form_MouseDown(Button As Integer, Shift As Integer,_
   X As Single, Y As Single)
       PopupMenu a1
   End Sub
C. Private Sub Form_MouseDown(Button As Integer, Shift As Integer,_
    X As Single, Y As Single)
      If Button=1 Then
          PopupMenu a1
      End If
   End Sub
D. Private Sub Form_MouseDown(Button As Integer, Shift As Integer,_
    X As Single, Y As Single)
      If Button=2 Then
          PopupMenu a1
      End If
   End Sub
```

【题 11-19】下列关于菜单的说法中，错误的是_____。
A. 每个菜单项都是一个控件，与其他控件一样也有其属性和事件
B. 除了 Click 事件之外，菜单项不响应其他事件
C. 菜单项的索引号必须从 1 开始
D. 菜单项的索引号可以不连续

11.2.2　填空题

【题 11-20】如果要将某个菜单项设计为分隔线，则该菜单项的标题应设置为_____。
【题 11-21】在 VB 中可以建立 [1] 菜单和 [2] 菜单。
【题 11-22】菜单编辑器可分为三个部分，即数据区、_____和菜单项显示区。
【题 11-23】菜单编辑器中，"标题"选项对应着菜单控件的 [1] 属性；"名称"选项对应着菜单控件的 [2] 属性；"索引"选项对应着菜单控件的 [3] 属性；"复选"选

项对应着菜单控件的 [4] 属性；"有效"选项对应着菜单控件的 [5] 属性；"可见"选项对应着菜单控件的 [6] 属性。

【题 11-24】在窗体上有一个名为 Text1 的文本框，建立一个下拉式菜单，其结构如题表 11.3 所示。程序运行后："剪切"、"复制"命令可以把 Text1 中的内容剪切、复制到变量 a 中；"粘贴在尾部"命令可以把 a 中的内容添加到 Text1 的原内容之后；"覆盖"命令用 a 中的内容替换 Text1 的原有内容；"清空剪贴板"命令将 a 中的内容清空，并将"剪切"和"复制"菜单设为不可用。按要求为下列程序填空。

表 11.3　菜单结构

标　　题	名　　称	层　　次
编辑	Edit	1
剪切	Cut	2
复制	Copy	2
粘贴	Paste	2
粘贴在尾部	Append	3
覆盖	Replace	3
清空剪贴板	Clear	2

```
Dim a As String
Private Sub append_Click()
    Text1.Text = [1]
End Sub
Private Sub Clear_Click()
    a = ""
    cut.Enabled = [2]
    copy.Enabled = [3]
End Sub
Private Sub copy_Click()
    a = Text1.Text
End Sub
Private Sub cut_Click()
    a = Text1.Text
    [4]
End Sub
Private Sub edit_Click()
    If Text1.Text = "" Then
        cut.Enabled = False
        copy.Enabled = False
    Else
        cut.Enabled = True
        copy.Enabled = True
    End If
    If [5] Then
```

```
         Paste.Enabled = False
      Else
         Paste.Enabled = True
      End If
   End Sub
   Private Sub replace_Click()
      Text1.Text = a
   End Sub
```

【题 11-25】在窗体上有一个名为 Text1 的文本框，建立一个弹出式菜单。菜单名称为 Textformat，含有"宋体"、"黑体"、"隶书"等三个菜单项，其名称分别为 font1、font2、font 3，分别用来使 Text1 中文字用相应的字体显示。程序运行后，右击文本框时，则弹出此菜单；在弹出的菜单中只显示与 Text1 中字体不同的其他两种字体的菜单项。按要求完善下列程序。

```
   Private Sub font1_Click()
      Text1.FontName = "宋体"
   End Sub
   Private Sub font2_Click()
      Text1.FontName = "黑体"
   End Sub
   Private Sub font3_Click()
      Text1.FontName = "隶书"
   End Sub
   Private Sub text1_MouseDown(Button As Integer, Shift As Integer,_
   X As Single, Y As Single)
      If   [1]   Then
        If Text1.FontName = "宋体" Then
           font1.Visible =   [2]
           font2.Visible = True
           font3.Visible = True
        ElseIf Text1.FontName = "黑体" Then
           font1.Visible = True
           font2.Visible = false
           font3.Visible = True
        ElseIf   [3]   Then
           font1.Visible = True
           font2.Visible = True
           font3.Visible = False
        End If
           [4]
      End If
   End Sub
```

第 12 章 文 件

12.1 知 识 要 点

（1）VB 文件的分类和结构特点。

（2）文件操作的一般步骤。

（3）顺序文件和随机文件的读写操作。

（4）三个文件系统控件的属性设置及配合使用。

12.2 实 战 测 试

12.2.1 选择题

【题 12-1】VB 规定标准模块文件扩展名是_____。

A．.frm   B．.vbp   C．.bas   D．.exe

【题 12-2】_____是构成文件的最基本单位。

A．字段   B．字符   C．记录   D．汉字

【题 12-3】按文件的存取方式，文件可分为_____。

A．顺序文件和随机文件   B．ASCII 码文件和二进制文件

C．程序文件和数据文件   D．源程序和可执行文件

【题 12-4】文件操作的一般步骤是_____。

A．打开文件、操作   B．打开文件、关闭文件、操作

C．打开文件、操作、关闭文件   D．操作、关闭

【题 12-5】 文件号的最大值为_____。

A．512   B．256   C．511   D．255

【题 12-6】在程序中，如果执行 Close 语句，其作用是_____。

A．关闭当前正在使用的一个文件

B．关闭第一个打开的文件

C．关闭最近一次打开的文件

D．关闭所有文件

【题 12-7】下列关于 VB 中打开文件的说法正确的是_____。

A．VB 在引用文件之前无需将其打开

B．用 Open 语句可以打开随机文件、顺序文件等

C．Open 语句的文件号可以是整数或是字符表达式

D．使用 For Output 参数不能建立新的文件

【题 12-8】使用 Open 语句打开文件时，必须指定的参数是_____。

A．文件名和存取方式　　　　　　　B．存取方式和文件号

C．文件名和文件号　　　　　　　　D．文件号和存取方式

【题 12-9】在当前目录下建立一个名为 Telbook.txt 的文件，应使用的语句是_____。

A．Open "telbook.txt" For Output As #1

B．Open "C:\telbook.txt" For Input As #1

C．Open "C:\telbook.txt" For Output As #1

D．Open "telbook.txt" For Input As #1

【题 12-10】在关于下面语句的叙述中，错误的说法是_____。

```
Open "C:\book.txt" For Input As #1
```

A．该语句打开 C 盘根目录下一个已存在的文件 book.txt

B．该语句在 C 盘根目录下建立一个名为 book.txt 的文件

C．该语句建立的文件，文件号为 1

D．执行该语句后，就可以通过 Input 语句从文件 book.txt 中读信息

【题 12-11】以下叙述中错误的是_____。

A．用 Print 语句和 Write 语句都可以向文件中写入数据

B．用 Print 语句和 Write 语句所建立的顺序文件格式完全一样

C．如果用 Print 语句把数据写入到文件，则各数据项之间没有逗号分隔，字符串也不加双引号

D．如果用 Write 语句把数据写入到文件，则各数据项之间自动插入逗号，并且把字符串加上双引号

【题 12-12】以下关于顺序文件的叙述中正确的是_____。

A．可以用不同的文件号以不同的读写方式打开同一个文件

B．文件中各记录的写入顺序与读出顺序是一致的

C．可以用 Input 或 Line Input 语句向文件写记录

D．如果 Append 方式打开文件，则可在文件末尾添加记录，也可读取原有记录

【题 12-13】下面关于顺序文件和随机文件的说法错误的是_____。

A．顺序文件中记录的逻辑顺序与存储顺序是一致的

B．随机文件读写操作比顺序文件灵活

C．随机文件的结构特点是固定记录长度以及每条记录均有记录号

D．随机文件的操作与顺序文件相同

【题 12-14】在用 Open 打开文件时，若省略"For 方式"，则文件的打开方式为_____。

A．顺序输出方式　　　　　　　　　B．顺序输入方式

C．随机存取方式　　　　　　　　　D．ASCII 码方式

【题 12-15】下面关于随机文件的叙述，不正确的是_____。

A．每条记录的长度必须相等

B. 可对文件中记录根据记录号随机地读写

C. 一个文件中记录号不必唯一

D. 文件的组织结构比顺序文件复杂

【题 12-16】执行语句 Open "tel.dat" For Random As #1 Len=50 后，对文件 tel.dat 中的数据可以执行的操作是_____。

A. 只能写，不能读 　　　　　　　B. 只能读，不能写

C. 既可以读，也可以写 　　　　　D. 既不能读，也不能写

【题 12-17】为了读取一个随机文件，由于其中每一条记录由多个不同的数据类型的数据项组成，故应使用_____。

A. 变体类型 　　　B. 过程类型 　　　C. 记录类型 　　　D. 字符串类型

【题 12-18】判断是否到了文件结束标志的函数是_____。

A. EOF 　　　　　B. END 　　　　　C. LOF 　　　　　D. CLOSE

【题 12-19】以下叙述中错误的是_____。

A. Open 语句只能打开一个已经存在的文件

B. 随机文件每条记录的长度是固定的

C. 执行如下命令后，文件指针指向文件的开头

```
Open "c:\vb\file.dat" For Output As #1
```

D. 以下循环条件表示当到达文件末尾结束循环

```
Do While Not EOF()
   <循环体语句>
Loop
```

【题 12-20】能对顺序文件进行写入操作的语句是_____。

A. Put 　　　　　B. Get 　　　　　C. Write 　　　　D. Read

【题 12-21】设有如下记录类型，则可以正确引用该记录类型变量的代码是_____。

```
Type Student
   Number As String*8
   Name as String*4
   Age As Integer
End Type
```

A. Student.Name="小明" 　　　　B. Dim s As Student
　　　　　　　　　　　　　　　　　　 s.Name="小明"

C. Dim s As Type Student 　　　 D. Dim s As Type
　　 s.name="小明" 　　　　　　　　 s.name="小明"

【题 12-22】假设在窗体 Form1 的代码窗口中定义如下记录类型，在窗体上添加一个名称为 Command1 的命令按钮，编写如下事件过程。

```
Private Type animal
   AnimalName As String * 20
```

```
    AColor As string * 10
End type
Private Sub Command1_Click()
    Dim rec As animal
    Open "c:\vbtest.dat" For Random As #1 Len=len(rec)
    Rec.AnimalName="Cat"
    Rec.AColor="White"
    Put #1, ,rec
    Close #1
End sub
```

则以下叙述中正确的是_____。

A．记录类型 animal 不能在 Form1 中定义，必须在标准模块中定义

B．如果文件 c:\vbtest.dat 不存在，则 Open 命令执行失败

C．由于 Put 命令中没有指明记录号，因此每次都把记录写到文件末尾

D．语句 Put #1, ,rec 将 animal 类型的两个数据元素写到文件中

【题 12-23】如果改变驱动器列表框的 Drive 属性，则将触发的事件是_____。

A．Change   B．Scroll   C．KeyDown   D．KeyUp

【题 12-24】目录列表框的 Path 属性的作用是_____。

A．显示当前驱动器或指定驱动器上的路径

B．显示当前驱动器或指定驱动器上的某目录下的文件名

C．显示根目录下的文件名

D．只显示当前路径下的文件

【题 12-25】文件列表框中用于返回所选文件的文件名的属性是_____。

A．File   B．FilePath   C．Path   D．FileName

【题 12-26】文件列表框的 Pattern 属性的作用是_____。

A．显示某一种类型的文件

B．显示当前驱动器或指定驱动器上的目录结构

C．显示根目录下的文件名

D．显示指定路径下的文件名

【题 12-27】以下四个控件中具有 FileName 属性的是_____。

A．文件列表框   B．驱动器列表器

C．目录列表框   D．列表框

【题 12-28】以下四个控件中没有 Change 事件的是_____。

A．DriveListBox   B．DirListBox

C．FileListBox   D．TextBox

12.2.2 填空题

【题 12-29】在窗体上建立一个命令按钮（Command1）和一个文本框（Text1）。程序的功能是：打开文本文件 myfile.txt，把它的全部内容读到内存，并在文本框中显示出

来。事件代码如下，请填空。

```
Private Sub Command1_Click()
   Dim indata As String
   Text1.Text = ""
   Open "d:\test\myfile.txt" For   [1]   As #1
   Do While Not EOF(1)
     Input #1, indata
     Text1.Text = Text1.Text + indata
   Loop
   [2]
End Sub
```

【题 12-30】以下程序的功能是打开当前路径下顺序 telbook.txt，读取文件中的数据，并将数据显示在窗体上。请填空。

```
Private Sub Form_Click()
    [1]
   Do While Not EOF(1)
     [2]
     Print xm, num, pos
   Loop
   Close 1
End Sub
```

【题 12-31】在窗体上添加一个文本框，名称为 text1。程序功能是：在 D 盘 temp 目录下建立一个名为 dat.txt 的文件。在文本框中输入字符，按 Enter 键则把文件框中内容写入文件，并清除文本框中的内容；如果输入"END"，则程序结束。编写如下程序，请填空。

```
Private Sub Form_Load()
   Open "d:\temp\dat.txt" For Output As #1
   Text1.Text = ""
End Sub
Private Sub Text1_KeyPress(KeyAscii As Integer)
   If KeyAscii =  [1]  Then
     If UCase(Text1.Text) = [2]  Then
       Close 1
       End
     Else
       Write #1, Text1.Text
         Text1.Text = ""
     End If
   End If
End Sub
```

【题 12-32】以下程序的功能是把顺序文件 smtext1.txt 的内容读入内存，并在文本框 Text1 中显示出来。请填空。

```
Private Sub Command1_Click()
    Dim indata as string
    Text1.Text=""
    Open "d:\test\smtext1.txt" For   [1]
    Do While Not Eof(1)
       [2]
        Text1.Text=Text1.Text&indata
    Loop
    Close 1
End Sub
```

【题 12-33】在名称为 Form1 的窗体上添加一个文本框，其名称为 Text1，在属性窗口中把文本框的 MultiLine 属性设置为 True。程序的功能是：把磁盘文件 smtext1.txt 的内容读到内存并在文本框中显示出来，然后把该文本框中的内容存入磁盘文件 smtext2.txt。编写如下程序，请填空。

```
Private Sub Form_Click()
    Open "d:\test\smtext1.txt" For Input As #1
    Do While Not   [1]
        Line Input #1, aspect$
        whole$ = whole$ + aspect$ + Chr(13) + Chr(10)
    Loop
    Text1.Text = whole$
    Close #1
    Open "d:\test\smtext2.txt" For Output As #1
    Print #1,   [2]
    Close #1
End Sub
```

【题 12-34】在窗体上建立一个文本框（Text1），在属性窗口中把该文本框的 MultiLine 属性设置为 True。程序的功能是：把磁盘文件 smtext1.txt 的内容读到内存，并在文本框中显示出来。编写如下程序，请填空。

```
Private Sub Form_Click()
    Open "d:\test\smtext1.txt" For Input As #1
    Do While Not  [1]
      Line Input #1, aspect$
      whole$ = whole$ + aspect$ + Chr$(13) + Chr$(10)
    Loop
    Text1.Text =   [2]
    Close #1
End Sub
```

【题 12-35】设窗体中已经加入了文件列表框（File1），目录列表框（Dir1），驱动器列表框（Drive1），完成下列程序使这三个控件可以同步变化。

```
Private Sub Drive1_Change()
    __[1]__
End Sub
Private Sub Dir1_Change()
    __[2]__
End Sub
Private Sub File1_Click()
    MsgBox File1.filename
End Sub
```

第 13 章　通用对话框设计

13.1　知 识 要 点

（1）对话框的作用和分类。
（2）通用对话框控件的属性和方法。
（3）通用对话框的使用。

13.2　实 战 测 试

13.2.1　选择题

【题 13-1】VB 对话框分为三种类型，这三类对话框是_____。

A．输入对话框、输出对话框和信息对话框

B．预定义对话框、自定义对话框和文件对话框

C．预定义对话框、自定义对话框和通用对话框

D．函数对话框、自定义对话框和文件对话框

【题 13-2】用 InputBox 函数弹出的对话框，其功能是_____。

A．只能接收用户输入的数据，但不会返回任何信息

B．能接收用户输入的数据，并返回用户输入的信息

C．既能用于接收用户输入的信息，又能用于输出信息

D．专门用于输出信息

【题 13-3】执行 MsgBox 语句后，弹出的对话框是_____。

A．接收用户信息　　　　　　　B．返回用户输入的信息

C．模式对话框　　　　　　　　D．无模式对话框

【题 13-4】在窗体添加通用对话框必须先将_____添加到工具箱中。

A．Data 控件　　　　　　　　　B．Form 控件

C．CommonDialog 控件　　　　　D．VBComboBox 控件

【题 13-5】将 CommonDialog 控件添加到窗体后，_____可以显示相应的对话框。

A．在属性窗口中设置 CommonDialog 控件的 Action 属性

B．在代码中设置 CommonDialog 控件的 Action 属性的值

C．在代码中调用 CommonDialog 控件的相应事件

D．在属性窗口中设置 CommonDialog 控件的 Show 方法

【题 13-6】CommonDialog 控件可以显示_____对话框。

A．四种　　　　　　　B．五种　　　　　　C．六种　　　　　　D．七种

【题 13-7】利用通用对话框控件可以建立多种对话框，下面不能用该控件建立的对话框是_____。

A．"打开"对话框　　　　　　　　B．"另存为"对话框

C．"显示"对话框　　　　　　　　D．"颜色"对话框

【题 13-8】以下叙述中错误的是_____。

A．在程序运行时，通用对话框控件是不可见的

B．在同一个程序中，用不同的方法（如 ShowOpen 或 ShowSave 等）激活同一个通用对话框，可以使该通用对话框具有不同的作用

C．调用通用对话框的 ShowOpen 方法，能够直接打开在该通用对话框中指定的文件

D．调用通用对话框的 ShowColor 方法，可以打开"颜色"对话框

【题 13-9】使用通用对话框控件时，为了在"打开"对话框的标题栏上显示"请选择所要打开的文件"，应设置的属性是_____。

A．DialogTitle　　B．FileName　　C．FileTitle　　　D．FontName

【题 13-10】"打开"和"另存为"对话框中 FileName 属性是_____。

A．只含有文件名的字符串

B．含有相对于当前文件夹的路径和文件名的字符串

C．含有相对于当前盘的绝对路径的文件名的字符串

D．含有盘符、绝对路径和文件名的字符串

【题 13-11】假定在窗体上建立一个通用对话框，其名称为 CommonDialog1，用下面的语句可以显示一个对话框，与该语句等价的语句是_____。

```
CommonDialong1.Action = 4
```

A．CommonDialog1.ShowOpen　　　B．CommonDialog1.ShowFont

C．CommonDialog1.ShowColor　　　D．CommonDialog1.ShowSave

【题 13-12】在用通用对话框控件建立"打开"或"保存"文件对话框时，如果需要指定文件列表框所列出的文件类型是*.doc 文件，则正确的描述格式可以是_____。

A．"text(.doc)|*.doc"　　　　　　B．"text(.doc)|(*.doc)"

C．"text(.doc)||*.doc"　　　　　　D．"text(.doc)(*.doc)"

【题 13-13】在窗体上添加一个通用对话框，名称为 CommonDialog1，则下列语句中正确的是_____。

A．CommonDialog1.Filter="All Files(*.*)|*.*|Pictures(*.bmp)|*.bmp"

B．CommonDialog1.Filter="All Files(*.*)"|*.*|"Pictures(*.bmp)|*.bmp"

C．CommonDialog1.Filter={All Files(*.*)|*.*|Pictures(*.bmp)|*.bmp}

D．CommonDialog1.Filter=All Files(*.*)|*.*|Pictures(*.bmp)|*.bmp

【题 13-14】假设在窗体上建立了一个通用对话框，其名称为 CD1，然后添加一个命令按钮 Command1，并编写如下事件过程。程序运行后，单击命令按钮，将显示一个"打开"对话框，此时在"文件类型"列表框中显示的是_____。

```
Private Sub Command1_Click()
    CD1.Flags=4
    CD1.Filter="all files(* . *)|* .*|text Files(* .Txt)|* .txt|Batch
Files(*.bat)|*.bat"
    CD1.FilterIndex=2
    CD1.ShowOpen
    MsgBox CD1.FileName
End Sub
```

A. All Files(* . *)   B. Text Files(*. Txt)

C. Batch Files(.bat)   D. 不确定

【题 13-15】在窗体中添加一个通用对话框，其名称为 CD1，然后添加一个命令按钮。要求单击命令按钮时，显示一个"打开"对话框，在"文件类型"列表框中显示的是 TextFiles(*.txt)，则能够满足上述要求的程序是_____。

A.
```
Private Sub Command1_Click()
    CD1.Flags = cdlOFNHideReadOnly
    CD1.Filter = "allfiles(*.*)|*.*|textfiles(*.txt)|*.txt|Batchfiles
(*.bat)|*.bat"
    CD1.FilterIndex = 1
    CD1.ShowOpen
    MsgBox CD1.FileName
End Sub
```

B.
```
Private Sub Command1_Click()
    CD1.Flags = cdlOFNHideReadOnly
    CD1.Filter = "allfiles(*.*)|*.*|textfiles(*.txt)|*.txt|Batchfiles
(*.bat)|*.bat"
    CD1.FilterIndex = 2
    CD1.ShowOpen
    MsgBox CD1.FileName
End Sub
```

C.
```
Private Sub Command1_Click()
    CD1.Flags = cdlOFNHideReadOnly
    CD1.Filter = "allfiles(*.*)|*.*|textfiles(*.txt)|*.txt|Batchfiles
(*.bat)|*.bat"
    CD1.FilterIndex =1
    CD1.ShowSave
    MsgBox CD1.FileName
End Sub
```

D.
```
Private Sub Command1_Click()
    CD1.Flags = cdlOFNHideReadOnly
    CD1.Filter = "allfiles(*.*)|*.*|textfiles(*.txt)|*.txt|Batchfiles
(*.bat)|*.bat"
    CD1.FilterIndex = 2
```

```
    CD1.ShowSave
    MsgBox CD1.FileName
End Sub
```

13.2.2 填空题

【题 13-16】在窗体中添加一个通用对话框 CD1，命令按钮 Command1 和 Command2，一个标签 Label1，它的显示内容为"沈阳"。要求当程序运行时，单击 Command1 会弹出"颜色"对话框，在"颜色"对话框中可以为 Label1 中文字设置颜色。当单击 Command2 时，弹出"字体"对话框，可以为 Label1 中的文字选择字体。请完善下面程序。

```
Private Sub Command1_Click()
    CD1.ShowColor
    Label1.ForeColor = CD1.  [1]
End Sub
Private Sub Command2_Click()
    CD1.  [2]
    Label1.FontBold = CD1.FontBold
    Label1.FontItalic = CD1.FontItalic
    Label1.FontName = CD1.FontName
    Label1.FontSize = CD1.FontSize
    Label1.FontStrikethru = CD1.FontStrikethru
    Label1.FontUnderline = CD1.FontUnderline
End Sub
```

【题 13-17】在窗体上有一个名称为 CD1 的通用对话框，一个名称为 Text1 的文本框和一个名称为 Command1 的命令按钮。程序执行时，单击 Command1 按钮，则显示打开文件对话框，选择一个文本文件后单击对话框上的"打开"按钮，则可以打开该文本文件，并读入一行文本，显示在 Text1 中。请完善下面程序。

```
Private Sub Command1_Click()
    CD1.Filter="文本文件|*.txt|Word 文档|*.doc"
    CD1.Filterindex=1
    CD1.Showopen
    If CD1.FileName<>"" Then
      Open   [1]  For Input As #1
      Line Input #1,ch$
      Close #1
      Text1.text=  [2]
    End If
End Sub
```

答案与解析

第 1 章　认识 Visual Basic

【题 1-1】答案：A

相关知识：VB 是可视化的、面向对象的、采用事件驱动编程机制的结构化高级程序设计语言。

答案解析：传统程序设计语言也具有选项 B、C、D 所叙述的特点，而在 VB 语言的多个特点中，与传统程序设计语言相比，最突出的应该是事件驱动编程机制。

【题 1-2】答案：D

相关知识：传统的程序设计在设计过程中看不到界面的实际效果，是不可视的。VB 程序的用户界面由窗体和控件构筑，一目了然。界面代码自动生成，不用编写程序，即控件和代码是封装在一起的。

答案解析：本题考核的是关于传统的结构化程序设计思想与面向对象程序设计思想的区别。传统的程序设计语言是面向过程的，而可视化程序设计是面向对象的，因此，与选项 B、D 相比，选项 D 更准确。至于"程序的模块化"，是软件工程的一个理论。

【题 1-3】答案：B

答案解析：本题考核的是 VB 界面的组成元素。VB 界面的组成元素可以是工具箱中的控件，也可以是窗体，但窗体和控件都属于对象，因此选项 B 更准确。

【题 1-4】答案：D

答案解析：三种方法都可以，还可以事先创建 VB 的快捷方式。

【题 1-5】答案：C

答案解析：本题考核的是如何退出 VB。退出 VB 可以用菜单命令、关闭按钮和快捷键三种方法。快捷键通常是组合键，其中一个键应该是 Q（Quit 的第一个字母），在 VB 中用 Alt+Q 键实现退出。

【题 1-6】答案：C

答案解析：主窗口是用来控制和显示 VB 环境下各种工作模式及操作命令的。工作模式显示在标题栏上，操作命令由菜单栏或工具栏来实施，不包括状态栏。

【题 1-7】答案：A

答案解析：编写代码在代码窗口，因此，选项 B 是错误的。在 VB 中，窗体设计器可以显示文字，也可以画图，但这些都是在创建用户界面。程序运行时窗体就是用户界面上的一个窗口，可以与用户进行交互通信。因此，应选择选项 A。

【题 1-8】答案：C

答案解析：本题考核的是标准工具栏中的工具按钮。在 VB 中，标准工具栏中的工具按钮有七组，但不包括"打印程序"按钮，这一点和 Windows 下其他程序有所不同。

【题 1-9】答案：A

答案解析：本题考核的是在不使用鼠标时，如何执行菜单命令。Windows 下的应用程序用键盘打开菜单和执行菜单命令时，首先应按下的键是相同的。

【题 1-10】答案：C

答案解析：本题考核的是对文件菜单的理解。文件菜单的功能是文件管理，包括新建、打开、添加、保存、打印，但不包含运行工程。

【题 1-11】答案：B

答案解析：本题考核的是文件菜单所对应的快捷键。快捷键是由 Ctrl 键加上一个字母键组成，由此，选项 C、D 被排除，"N"是"New"的词头，"O"是"Open"的词头，因此应选择选项 B。

【题 1-12】答案：C

答案解析：本题考核的是对 VB 开发环境的了解程度。选项 A 说的是程序设计步骤；选项 B 说的是开发环境窗口；选项 D 说的是工具栏的模式。

【题 1-13】答案：C

相关知识：VB 程序是解释程序。编程时，解释生成伪代码，执行时，解释变成目标码。但系统提供了生成 EXE 可执行文件的功能。

答案解析：本题考核的是 VB 的各类文件。VBP 是工程文件，FRM 是窗体文件，BAS 是标准模块文件，它们都不能脱离 VB 环境运行，EXE 是可执行文件，可以脱离 VB 环境，在 Windows 下直接运行。

【题 1-14】答案：A

答案解析：本题考核"可视化"程序设计的基本概念。

选项 A 不难判断是正确的。VB 程序没有明显的起点和终点，因此选项 B 是错误的；编写事件过程的程序代码只是程序设计的一个步骤，因此选项 C 也是错误的；选项 D 叙述颠倒了。

【题 1-15】答案：D

答案解析：本题考核打开属性窗口的方法。单击"工具栏"上的属性按钮 ；选择"视图｜属性窗口"；按下 F4 键都可以打开属性窗口。

【题 1-16】[1].FRM   [2].BAS

【题 1-17】[1]窗体模块   [2]标准模块   [3]工程文件

【题 1-18】[1]事件驱动   [2]系统

【题 1-19】解释

第 2 章 设计简单的 Visual Basic 应用程序

【题 2-1】答案：C

相关知识：一般来讲，可视化程序设计有五个步骤：创建工程、设计界面、设置属性、编写代码、调试运行。

答案解析：本题考核对"面向对象"程序的设计过程。

题目要求是可视化编程的基本过程包括三个步骤，创建工程是必须的，但不能算基本过程的主要步骤，而调试程序属于程序编写完成后的步骤。因此，基本过程包括的三个步骤应该是选项 C。

【题 2-2】答案：C

答案解析：本题考核控件的基本操作。"C"是"Copy"的词头，"V"是"Move"的缩写。通常的操作应该是先复制，后粘贴。

【题 2-3】答案：B

答案解析：本题考核"对象"及其"属性"的基本知识。属性是对象的特征，不同对象具有不同属性，用户可以任意修改属性值，因此，选项 A、C、D 都是正确的。"属性名称"是由系统定义的。

【题 2-4】答案：C

答案解析：本题考核事件和方法的概念。

对象是属性、方法和事件的集成，由此判断选项 A 是正确的；方法是特殊的过程和函数，因此，选项 B 和选项 D 是正确的；事件过程是对事件的响应，由此判断方法不能响应事件，因此，选项 C 是错误的。

【题 2-5】答案：D

答案解析：本题考核"对象"三要素的概念和"面向对象"编程的基本知识。

对象是属性、方法和事件的集成，属性是对象的特性，方法是特殊的过程和函数，事件是预先定义好的能被对象识别的动作，因此，选项 A、B、C 是正确的。"面向对象"是一种程序设计思想，"可视化" 是一种程序设计方法，"事件驱动"是一种编程机制。

【题 2-6】答案：D

答案解析：自动显示快速信息是自动显示关于函数及其参数的信息；自动语法检查是自动检查代码的语法错误；要求声明变量是强制显示声明变量，只有自动列出成员特性才能自动显示控件的属性、方法。

【题 2-7】答案：A

答案解析：本题考核控件的基本操作。

【题 2-8】答案：D

答案解析：本题考核对象、事件、方法、属性的基本知识。

对象是属性、事件、方法的集成，因此，选项 A、B、C 都是正确的。事件是能被对象识别的动作，事件过程是对事件的响应。

【题 2-9】答案：A

答案解析：本题考核控件的基本操作。

【题 2-10】答案：C

答案解析：本题考核打开代码窗口的方法。

【题 2-11】答案：B

答案解析：四个选项中的属性均为逻辑型。FontBold 属性值为 True 时，设置字体加粗；FontItalic 属性值为 True 时，设置字体为斜体；FontStrikethru 属性值为 True 时，设置文本加删除线；只有 FontUnderline 属性值为 True 时，设置文本加下划线。

【题 2-12】答案：C

答案解析：Name 属性是 VB 所有对象都具有的，在程序中用该属性代表对象本身，并且在程序运行时该属性不可以更改，即只读的。

【题 2-13】答案：B

答案解析：Name 属性只能在属性窗口中设置，不能用程序代码的方法设置，所以选项 A 错误。Enabled 属性值为逻辑值，选项 C 将它赋值为字符串型数据是错误的。BorderStyle 属性用来确定边界类型，它的取值范围是 0～5，不能为 6，所以选项 D 错误。Caption 属性可以在程序中进行设置，而且与 Name 属性同为字符串型，所以选项 B 正确。

【题 2-14】答案：B

答案解析：本题中 Enabled 属性和 Visible 属性值均为逻辑型，Caption 属性值为字符串型。ForeColor 属性值为一个十六进制数，所以它是数值型。

举一反三：下列窗体属性值均为逻辑型的是_____。

A．Name，Caption

B．MaxButton，MinButton

C．FontSize，FontBold

D．BorderStyle，WindowState

答案：B

答案解析：Name，Caption 属性值均为字符串型；FontSize 属性值为整型，FontBold 属性值为逻辑型；BorderStyle，WindowState 属性值均为数值型；只有 MaxButton，MinButton 属性值均为逻辑型。

【题 2-15】答案：A

答案解析：要防止用户随意将光标置于控件之上，就要使控件变为不可用，所以只需把可用属性 Enabled 设置为 False。

【题 2-16】答案：B

答案解析：文本框可输入和显示文字，标签只能显示文字，图片框和图像框可以显示文字和图像。

【题 2-17】答案：A

相关知识：BackStyle 属性值为 0 表示控件透明显示，为 1 表示不透明显示，可为控件设置背景颜色。BorderStyle 属性值为 0 表示控件没有边框，为 1 表示控件有单边框。还有一些控件也具有 BackStyle 属性和 BorderStyle 属性，如图片框、图像框、文本框、框架等。

答案解析：BackStyle 和 BorderStyle 属性值均为数值型，所以选项 C 和 D 不正确。

【题 2-18】答案：B

答案解析：Caption 属性是许多控件都具有的属性，但是文本框不具有这个属性。不具有 Caption 属性的控件还有组合框、列表框、滚动条和计时器等。

【题 2-19】答案：A

答案解析：MultiLine 属性用来设置文本框中是否可以输入多行文本；Maxlength 属性用来设置文本框中能够输入的正文内容的最大长度；Alignment 属性用来设置文本的对齐方式；BorderStyle 属性用来设置边框样式。

【题 2-20】答案：B

相关知识：如果一个属性只能在属性窗口中设置，不能在程序中用代码方法设置，那么这个属性就称为只读属性。

答案解析：四个选项只有 Multiline 属性是只读属性。文本框的 ScrollBars 属性也是只读属性，另外，所有控件都具有的 Name 属性也是只读属性。

【题 2-21】答案：C

答案解析：BackColor 属性决定背景色，FillColor 属性决定画图时的填充色，ForeColor 属性决定文本和画笔的颜色，BackStyle 属性决定背景图案。

举一反三：所有控件上显示的文字或线条的颜色都可通过设置 ForeColor 属性（前景色）来实现。

【题 2-22】答案：A

答案解析：程序运行时，如果向文本框中键入了字符，会马上触发文本框的 Change 事件，所以可以把一些具有检查功能的程序放在此事件过程中，每当输入内容时就执行此过程对文本内容进行检查。

举一反三：组合框、驱动器列表框、目录列表框控件都具有 Change 事件。

【题 2-23】答案：D

答案解析：Text 属性表示文本框的内容，文本框不具有 Caption 属性和 Password 属性。

【题 2-24】答案：B

答案解析：文本框的 Visible 属性功能是设置文本框控件是否可见，属性值为逻辑型。Name 属性标识对象的名称，在程序中是只读的。Enabled 属性决定对象是否有效，属性值为逻辑型。Text 属性用来设置文本框中显示的文本。

【题 2-25】答案：D

答案解析：Cancel 和 Default 属性是只有命令按钮才具有的属性。

【题 2-26】答案：C

答案解析：命令按钮的 Move 方法后面的参数，是命令按钮移动后的坐标，而不是移动的距离。当命令按钮的 Left 值增加时，命令按钮向右移动。

【题 2-27】答案：B

答案解析：命令按钮不支持 DblClick 双击事件，Load 事件是窗体独有的，Scroll 事件是滚动条的滚动事件。

【题 2-28】答案：A

答案解析：命令按钮没有 Change 事件，Name 属性是程序中标识每个对象的名称，不能显示，而要在命令按钮上显示文字，则需要设置它的 Caption 属性。

【题 2-29】答案：B

【题 2-30】答案：C

【题 2-31】答案：D

答案解析：ControlBox 属性决定窗体是否有控制菜单，MinButton 属性决定窗体是否具有最小化按钮，Enabled 属性决定窗体是否可用。MaxButton 属性值为 True 时，表示窗体有最大化按钮。

【题 2-32】答案：C

答案解析：窗体的边框样式有多种，由 BorderStyle 属性来决定，对应关系见主教材相关内容。

【题 2-33】答案：D

答案解析：一般绘图操作是在窗体的 Paint 事件过程中进行的，因为该事件过程每当窗体内的图形被覆盖或最小化后都能触发 Paint 事件进行自动重画。如果绘图操作不是在窗体的 Paint 事件过程中进行的，那么窗体的 AutoRedarw 属性必须设置为 True，否则图形不会被重画。

【题 2-34】答案：A

答案解析：当程序运行时，操作系统先把窗体装入内存（即 Load 事件），然后再显示；在程序运行过程中，如果窗体被激活则发生 Activate 事件；而关闭窗体时，会相继发生 QueryUnload 事件和 Unload 事件。

【题 2-35】答案：B

【题 2-36】答案：D

相关知识：窗体标题由 Caption 属性决定，当窗体运行时，该属性的值将显示在窗体的标题栏中。

答案解析：在程序中修改属性值，要用赋值语句，Caption 属性值为字符串型。引用控件属性的一般格式为：控件名.属性名。选项 A 修改的是窗体的 Name 属性，选项 B 缺少".",选项 C 是错误的。

【题 2-37】答案：B

答案解析：本题要注意的是，窗体的单击事件过程名总是 Form_Click()，无论窗体的名称如何修改。而命令按钮及其他控件的事件过程名，会随着其名称属性值的修改而相应变化。

【题 2-38】答案：D

【题 2-39】答案：Change

答案解析：若要在文本框中输入内容时立即执行某些操作，应该使用 Change 事件。

【题 2-40】答案：[1] VB 程序设计　　　　[2] VB Programming

相关知识：Click 事件、Change 事件及窗体 Print 方法的使用。

答案解析：单击窗体激发 Click 事件过程，这时将"VB 程序设计"赋值给文本框的 Text 属性，在文本框中显示"VB 程序设计"；文本框内容改变，激发 Change 事件过程，这时将利用窗体的 Print 方法在窗体上输出"VB Programming"。

【题 2-41】答案：abcEFG

相关知识：函数 LCase() 的功能是将大写字母转换为小写字母，UCase() 的功能是将小写字母转换为大写字母。

答案解析：第四行把 a 中的内容"AbC"转换为小写的"abc"，再赋值给 C；同理，D 的内容为 EFG，第六行把 C 和 D 的值连接后输出。

第 3 章　Visual Basic 程序设计基础

【题 3-1】答案：D

相关知识：标识符是用户自定义的名称，通常用于标记常量、变量、控件、函数和过程的名字。VB 中标识符的命名应遵循如下规则。

（1）必须以字母或汉字开头。

（2）只能由字母、汉字、数字和下划线组成，但不能直接使用 VB 的关键字。

（3）不能超过 255 个字符，控件、窗体和模块的名字不能超过 40 个字符。

（4）在标识符的有效范围内必须是唯一的。

答案解析：选项 A Int 是系统关键字，表示类型定义；选项 B 由数字开头；选项 C 含有运算符号；选项 D 是合法的标识符。

举一反三：标识符是用户自定义名称的统称。所有的变量、常量、控件、函数和过程的命名都必须遵循上述规则。

【题 3-2】答案：C

相关知识：VB 中用来表示数值的数据类型有整型和实型。

答案解析：选项 A 为合法形式；选项 B 中，E12 虽然没有给出尾数部分，但运算时不会出错，系统会将其作为 0；选项 C 中，1.25E 没有给出指数部分，是错误的表示；选项 D 为合法形式。

【题 3-3】答案：C

答案解析：Public 用于定义全局变量；Dim 用于定义局部变量或模块变量；Private 用于定义模块变量；Declare 不是定义变量的关键字。

【题 3-4】答案：C

相关知识：定义变量的数据类型可以使用声明语句，也可以使用类型说明符。

【题 3-5】答案：D

答案解析：若写为 3^-r*3^2 也是正确的，乘号不能省略。

【题 3-6】答案：D

相关知识：Sin、Cos、Tan、Atn 四个三角函数分别返回参数的正弦、余弦、正切、反正切值，返回值为 Double 类型。其中，Sin、Cos 和 Tan 的参数必须为弧度值，例如，求 30 度的正弦值，不能写成 Sin(30)，必须把 30 度转化为弧度值，应写成 Sin(30*3.14159/180)，这样才能正确的计算出 30 度的正弦值。

答案解析：本题需要注意的是，使用三角函数 Sin、Cos 和 Tan 时，要先把角度值转化为弧度值。套用上面的例子，应写为 Sin(65*3.14159/180)。

【题 3-7】答案：B

相关知识：取整和四舍五入函数。

Round(x,n) 将 x 四舍五入，保留 n 位小数。

Int(x) 求不大于 x 的最大整数。

Fix(x) 取整，截去小数部分。

答案解析：根据三个函数的功能得出 Round (0.55)将 0.55 四舍五入为 1，Int(0.55)返回不大于 0.55 的最大整数 0，Fix(0.55)取 0.55 的整数部分 0 ，表达式的结果为 1。

举一反三：表达式 Round (-0.55)+Int(-0.55)+Fix(-0.55)的值为＿＿＿＿。

A．-1　　　　　　B．-2　　　　　　C．-3　　　　　　D．-4

答案：B

【题 3-8】答案：C

相关知识：指数形式可以使用指数运算符^，也可以使用函数 Exp() 与 Log() 的组合，如 y^x 可以写为 Exp(x*Log(y))。

【题 3-9】答案：C

答案解析：函数 Trim(字符串表达式) 的功能是删除字符串两端的空格，但不会删除字符串中间的空格。

【题 3-10】答案：A

答案解析：函数 Left(字符串表达式,n) 的功能是从字符串的左端截取 n 个字符。本题中函数 Left() 从字符串左端截取三个字符。

【题 3-11】答案：A

相关知识：函数 Len(字符串表达式) 的功能是求字符串的长度。一个汉字为一个字符，一个空格也为一个字符。函数 Space(n) 的功能是产生由 n 个空格组成的字符串。函数 String(n,字符) 的功能是产生由 n 个指定字符组成的字符串。

答案解析：该表达式求由四个空格和三个 "c" 组成的字符串的长度，结果为 7。

【题 3-12】答案：A

【题 3-13】答案：D

相关知识：算术运算符优先级从高到低的顺序为：指数→负数→（乘、除）→整除→取模→（加、减），优先级高则先运算，但如果有括号则先运算括号内的表达式。

举一反三：表达式 4 + 5 \ 6 * 7 / 8 Mod 9 的运算结果为 _____。

A. 4   B. 5   C. 6   D. 7

答案：B

答案解析：按照优先级的顺序，先算 6*7/8 结果为 5.25，然后算 5 \ 5.25，5.25 需要先四舍五入为 5，结果为 1，然后算 1 Mod 9 结果为 1，最后算 4+1 结果为 5。

【题 3-14】答案：B

相关知识："+" 两端的操作数同为字符串时，做连接运算；同为数值，或一个是数值，而另一个是数字字符串时，做加法运算；其他类型的操作数会出错。

答案解析：变量 A、B、C 均为字符型，所以表达式 A+B+C 的值是字符串"112233"，显然不选选项 C 和选项 D，但在输出时不会输出字符串的定界符 """，因此不选选项 A。

【题 3-15】答案：C

相关知识：比较汉字，实际上是比较它们的拼音，从左至右逐个拼音字母进行比较，由其中的第一个不相同的拼音字母的 ASCII 码值的大小决定汉字的大小。

【题 3-16】答案：A

相关知识：逻辑运算符的优先级从高到低的顺序为：Not→And→Or。

答案解析：根据 a、b、c、d 的值可知：a<d 为 True，b>c 为 False，b<>c 为 True，因此得到：True Or False And Not True，按照优先级的顺序，表达式的结果为 True。

【题 3-17】答案：A

【题 3-18】答案：Variant 或 变体型

答案解析：Visual Basic 的变量如果没有说明数据类型，则其数据类型默认为 Variant（变体型）。

【题 3-19】答案：[10,19] 或 [10,20)

答案解析：Rnd 产生随机数的范围是[0,1)，Rnd*10 的范围是[0,10)，Int(Rnd*10)的范围是[0,9] 或 [0,10)，Int(Rnd*10)+10 的范围是[10,19] 或 [10,20)。

【题 3-20】答案：-7

答案解析：Int(-4.8)的结果为-5，Fix(-4.8) 的结果为-4，得到表达式为-5*6\3^2-4。按照优先级，先算 3^2 结果为 9，然后算-5*6 结果为-30，然后算-30 \ 9 结果为-3，最后算-3-4 结果为-7。

【题 3-21】答案：X%>=0 And X%<100

相关知识：%是整型的类型说明符。

答案解析：X 是整数应表示为 X%，非负整数应表示 X%>=0，小于 100 的整数应表示为 X%<100，小于 100 的非负整数要同时满足前面两个条件，故应表示为 X%>=0 And X%<100。

【题 3-22】答案：0

相关知识：当布尔型数据转换为数值型数据时，真转换为-1，假转换为 0；当数值型数据转换为布尔型数据时，非零转换为真，0 转换为假。

答案解析：按照优先级，先算 b+1 结果为 4，b Mod c 结果为 1，然后算 a>4 结果为 False，c<d 结果为 False，然后算 False And 1 结果为 False，最后算 False Or False 结果为 False，即 0。

第 4 章　数据输出与输入

【题 4-1】答案：D

答案解析：Print 方法可以将数据输出到窗体（Form）、图片框控件（PictureBox）、打印机（Printer）或立即窗口（Debug）。文本框控件是由 Text 属性设置文本框中的文本内容。

【题 4-2】答案：C

相关知识：输出字符串时，原样输出，前后都没有空格。多个表达式之间要用分号、逗号或空格隔开，用分号和空格作分隔符以紧凑格式输出数据，用逗号作分隔符以标准格式输出数据，即每个输出项占 14 个字符位。

答案解析：本题中使用的分隔符是分号，所以两个字符串以紧凑格式输出。

举一反三：输出数值时，数值前面有 1 个符号位，后面有 1 个空格，见下题。

【题 4-3】答案：D

【题 4-4】答案：A

相关知识：#表示一个数字位，利用#可以控制输出内容的长度。如果整数部分的实际长度小于指定长度，则多余位不补 0，数据左对齐；如果整数部分的实际长度大于指定长度，则原样输出。如果小数部分的实际长度小于指定长度，则多余位不补 0；如果小数部分的实际长度大于指定长度，则四舍五入保留到指定长度。

答案解析：本题中变量 a 的值为 1.73205080756888，整数部分的实际长度 1 小于指定长度 4，多余位不补 0，数据左对齐；小数部分的实际长度 14 大于指定长度 3，四舍五入保留到三位。

举一反三：如果将该题格式字符串中的#换成 0，输出结果为$0001.732。

【题 4-5】答案：B

答案解析：Cls 方法可以清除程序运行时窗体或图片框上产生的文本和图形，而设计时窗体或图片框中使用 Picture 属性设置的背景位图和放置的控件不受 Cls 方法影响。

【题 4-6】答案：D

相关知识：InputBox()函数能产生输入框，等待用户输入信息后，将输入信息作为字符串返回。

答案解析：本题中输入的 12 和 34 均作为字符串处理，所以 x+y 表示连接两个字符串，输出结果为 1234。

举一反三：InputBox 函数的返回值是字符串型，如果需要获取数值型的输入值，可以将 InputBox 函数的返回值赋给数值型的变量，或利用类型转换函数进行类型转换。例如，将该题改为：

```
Private Sub Command1_Click()
    Dim x As Integer
    Dim y As Integer
    x = InputBox("Input x:")
    y = InputBox("Input y:")
    Print x + y
End Sub
```

如果在两个输入框中输入的信息分别为 12 和 34，则输出结果为_____。

A．12　　　　　　B．34　　　　　　C．46　　　　　　D．1234

答案：C

【题 4-7】答案：B

相关知识：MsgBox 函数格式：MsgBox(消息[,按钮类型][,标题][,helpfile,context])

答案解析：本题"AAAA"为消息，"BBBB"为标题，产生的消息框如答图 4-1 所示。

【题 4-8】答案：D

【题 4-9】答案：A

答案解析：函数中的参数"vbAbortRetryIgnore+vbInformation+vbDefaultButton1"表示显示的按钮为"终止"、"重试"及"忽略"，图标为 ，第一个按钮是默认按钮。出现消息框后，直接按 Enter 键，则选择默认按钮"终止"，函数返回值为 3，产生的消息框如答图 4-2 所示。

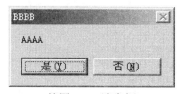

答图 4-1　消息框

答图 4-2　消息框

【题 4-10】答案：12345.00

　　相关知识：0 表示一个数字位，利用 0 可以控制输出内容的长度。如果整数部分的实际长度小于指定长度，则多余位补 0，数据左对齐；如果整数部分的实际长度大于指定长度，则原样输出。如果小数部分的实际长度小于指定长度，则多余位补 0；如果小数部分的实际长度大于指定长度，则四舍五入保留到指定长度。

　　答案解析：本题中变量 a 的值为 12345，整数部分的实际长度 5 大于指定长度 3，原样输出；小数部分的实际长度 0 小于指定长度 2，多余位补 0。

【题 4-11】答案：+1,732.5

　　相关知识：,表示将输出数值的整数部分从小数点左边第一位开始，每 3 位用一个逗号隔开。+表示在输出数值的前面加上一个 "+"。

　　答案解析：本题中要输出的数值为 1732.46，整数部分的实际长度 4 小于指定长度 5，但多余位对应#，多余位不补 0，数据左对齐；小数部分的实际长度 2 大于指定长度 1，四舍五入保留到 1 位。

【题 4-12】答案：5　3　9

　　相关知识：%是整型的类型说明符。

　　答案解析：x 的值为 395，x Mod 10 的值为 5，x\100 的值为 3，x Mod 100 的值为 95，(x Mod 100)\10 的值为 9。

【题 4-13】答案："否" 或　第二个

　　答案解析：vbYesNo 表示消息框显示 "是" 和 "否" 按钮，　vbDefaultButton2 表示第二个按钮是缺省值。

第 5 章　程序设计的基本控制结构

【题 5-1】答案：D

　　答案解析：赋值语句是将右边表达式的值赋给左边的变量，a=b 语句将 b 的值赋给 a，结果 a 为 2，a 原来的值被覆盖；b=c 语句将 c 的值赋给 b，结果 b 为 3；c=a 语句将 a 的值赋给 c，结果 c 为 2。

【题 5-2】答案：D

　　答案解析：

　　选项 A 左侧为单精度浮点型数据，而右侧为字母组成的字符串，不可以将非数字字符串赋值给数值型变量。但若字符串为数字组成的，如 x! = "123"是合法的，系统会自动将字符串转换为数字 123。

　　选项 B 的右侧不能转换为合法的数值，所以也会出现类型不匹配的错误。如果改为 a% = "10e3"，右侧可以转换为数值型的 10000，可以完成赋值。

　　选项 C 的左侧是表达式，不符合赋值语句要求，但可以作为逻辑判断语句，"=" 当作逻辑等号使用。

　　选项 D 虽然左侧是字符串型变量，右侧为数值，但系统可以将右侧 100 转换为字符串 "100"，然后赋值，是正确选项。

【题 5-3】答案：D

　　答案解析：c=a＞b 表示将表达式 a＞b 的值赋给变量 c，因为 a＞b 的值为 True，所以 c 的值为 True。

【题 5-4】答案：B

相关知识：将两个变量的值交换最常用的方法就是借助一个中间变量，例如，交换 a,b 的值，就要再使用一个变量 t，利用下列语句完成交换。

t=a : a=b : b=t   或者   t=b : b=a : a=t

答案解析：现将 a、b、t 分别赋值为 3、4、5，依次执行四个选项的语句。

选项 A 执行后，a、b、t 的值分别为 4、5、4，实际上交换了 b 和 t 的值，a 的原值丢失。

选项 B 执行后，a、b、t 的值分别为 4、3、3，完成了 a、b 的交换。

选项 C 执行后，a、b、t 的值分别为 4、4、5 不能完成交换，结果 a、b 两个变量存储的都是原来 b 的值。

选项 D 执行后，a、b、t 的值分别为 3、4、3，也不能完成交换。

【题 5-5】答案：D

相关知识：If 语句可以精简为单行语句，不用 End If 结束。单行形式的语句必须在一行内完成，Then 后面即使是多条语句也要写在一行，用冒号分隔。

答案解析：选项 D 含有 End If，不符合单行 If 语句结构的要求，所以不正确。

【题 5-6】答案：C

答案解析：判断一个数能否被另一个数整除，通常使用的方法是：判断取模运算结果是否为 0，如选项 A 的表达式，或者利用除法看结果是不是整数，如选项 B 和选项 D，而选项 C 使用的是整除运算符，即只取除法结果的整数部分，小数部分舍去。例如，29\7 结果为 4。

【题 5-7】答案：B

答案解析：If 语句的执行过程中，一旦有一个分支被执行，便跳出 if 语句，跳到 EndIf 语句后执行，即使有多个条件都为真，也只能执行第一个条件为真的分支。本题输入的是 90，当判断到第二个分支时，表达式 score >= 60 的值为真，所以执行该分支内的语句 grade = "及格"，然后跳出 If 语句，执行输出"成绩等级为：及格"。

【题 5-8】答案：A

答案解析：循环变量是以步长为 2 变化的，所以共循环 10 次，每次 i 的值依次为 1、3、5、7、9、11、13、15、17、19，i \ 5 的值依次为：0、0、1、1、1、2、2、3、3、3，每个值都被累加到 x 上，结果为 21。

【题 5-9】答案：C

答案解析：本题是 Do While…Loop 型的循环，循环条件是 n<=m，条件为假时退出循环。n 的初始值为 1，每次循环加 1，n 的取值为 1、2、3、4、5，当 n 为 6 时，条件为假，退出循环，所以共循环 5 次。

【题 5-10】答案：C

答案解析：

第一次循环 i=1   运行 i=i+1 后变为 2，第一次循环完毕 i 自动加 1，变为 3。

第二次循环   运行 i=i+1 后变为 4，第二次循环完毕 i 自动加 1，变为 5。

循环变量的自动变化是在每次循环之后进行的，变化后再判断是否能继续循环。本题变量 i 既有循环变量的自动加 1，又有循环体中的语句使其值加 1，循环体循环两次。

【题 5-11】答案：C

相关知识：本题都是 Do…Loop Until 型的循环，能够保证循环至少进行一次，直到条件为真时就结束循环。

答案解析：

选项 A 中循环变量的取值为奇数，永远不可能等于 10，所以不能正常结束循环。

选项 B 中 i 的初始值为 5，每次循环加 1，永远不可能 i<0，所以不能正常结束循环。

选项 C 中 i 的初始值为 10，进入循环后加 1，满足循环结束条件 i > 10，结束循环。

选项 D 中 i 取值为偶数，不可能等于 1，所以不能正常结束循环。

【题 5-12】答案：C

答案解析：初始值 x=0，y=50，进入循环后，x＝0+50=50，y=50-5=45，此时循环条件 y > x 为假，退出循环。

【题 5-13】答案：B

、相关知识：For…next 循环中，循环控制变量按步长自动变化，直到大于结束值时退出循环。

答案解析：本题 i 的变化过程为：1、3、5、7、9、11、13、15、17、19，所以共循环 10 次。变量 s 是将所有的 i 值累加起来。

【题 5-14】答案：A

答案解析：此题考查的是 For 循环和多重循环。外循环变量的值由 1~3，步长为 1，共循环三次。内循环中循环变量的值由 5~1，步长为-1，共循环五次。Print i * j 语句在双层循环内部，因此该语句执行次数为内外循环次数的乘积（15 次）。退出循环时，由于外循环步长为 1，所以 i 的值为 4；而内循环步长为-1，所以 j 的值为 0。

【题 5-15】答案：A

答案解析：此题考查的是双重循环。外循环的次数决定打印几行数据，因外循环的次数是三，故打印三行数据。内循环的次数决定每一行打印几个数据。外循环第一次时，内循环的次数是 1，所以第一行打印一个数据；外循环第二次时，内循环的次数是 2，所以第二行打印两个数据；外循环第三次时，内循环的次数是 3，所以第三行打印三个数据。每次打印的数据是内循环变量 m 的值，所以第一行是 1，第二行是 1 2，第三行是 1 2 3。

【题 5-16】答案：C

答案解析：此题考查的是永真循环，即 Do While True…Loop 结构。当变量 m 为 5 时，执行语句 Exit Do 表示退出永真循环，若变量 m 为其他值则求累加和。因此，输入 8，9，3 时求得累加和为 20 放入变量 sum 中，当输入 5 时，则退出循环，程序结束。

【题 5-17】答案：D

答案解析：此题考查的是利用循环逐个截取数值型数据中每一位数字，并判断被截取的数字是否为 8 的问题。语句 d = x Mod 10 表示将变量 x 被 10 整除后的余数赋给变量 d，即取变量 x 的个位数字赋给变量 d；语句 If d = 8 Then Count = Count + 1 表示 d 为 8 则进行计数；语句 x = x \ 10 表示将变量 x 被 10 整除的除数重新赋给变量 x，即去掉变量 x 的个位数字后的部分数字。此程序共循环六次，每次循环各变量的值变化如下。

X 初值为 860788

第一次循环	d =8	Count =1	x=86078
第二次循环	d =8	Count =2	x=8607
第三次循环	d =7	Count =2	x=860
第四次循环	d =0	Count =2	x=86
第五次循环	d =6	Count =2	x=8
第六次循环	d =8	Count =3	x=0（满足退出循环条件）

【题 5-18】答案：B

答案解析：此题输入的都是两位数值型数据（0 除外），通过循环语句 Do…Loop Until 结构统计输入数据的个位与十位数字之和等于 10 的个数。其中，表达式 y Mod 10 表示取变量 y 的个位数字，表达式 Int(y / 10)表示取变量 y 的十位数字。

【题 5-19】答案：a Mod 2 = 0 And a Mod 11 = 0

或 a \ 2 = a / 2 And a \ 11 = a / 11

或 Int(a / 2) = a / 2 And Int(a / 11) = a / 11

或 Fix(a / 2) = a / 2 And Fix(a / 11) = a / 11

或者是以上表达式的组合。

【题 5-20】答案：1 To 5

答案解析：根据窗体上显示的结果，一共有五行信息，该题采用了双重循环。其中，外循环的次数决定一共显示几行信息，内循环的次数决定每一行显示几个数字。

【题 5-21】答案：str，i，1

答案解析：该题是要将字符串变量 Str 的值逆序显示。程序中使用了 Mid 函数，它的格式 Mid（c，n1，n2），含义是从字符串变量 c 中的第 n1 位开始，向右取 n2 个字符。为了实现本题目的要求，使用函数 Mid 时，对字符变量 Str 的值从最后一位开始，每次只取一个字符，所以总共要使用七次 Mid 函数，每次取出的值都在窗体同一行的上一个数字末尾显示出来。其中，For 循环的次数决定了使用 Mid 函数的次数。

【题 5-22】答案：[1]s+c　　　　　[2]-1

答案解析：程序运行后，变量 c 从"Z"变化到"A"，利用 InStr 函数依次判断 c 是否出现在字符串 str 中，即字母"A"到"Z"是否在字符串 str 中出现。若有，则连接到变量 s 中；否则，判断下一个字母。

【题 5-23】答案：[1]求 1～8 的和　　　　　[2]36

【题 5-24】答案：0　1　1　2　3

答案解析：循环条件为 i 从 3～5，即 3、4、5，所以循环共进行三次，每次产生一个数，为 a、b 的和，变量变化过程如下。

初始值	a=0	b=1
第 1 次循环，c=1	a=1	b=1
第 2 次循环，c=2	a=1	b=2
第 3 次循环，c=3	a=2	b=3

从规律可以看出每次循环产生的数是前两项数的和，由此程序产生的数列为斐波那

契数列，依次为：0，1，1，2，3，5，8，13，21，…。

【题 5-25】答案：[1]t = 1　　　　[2]s = s + t　　　　[3]Next i 或 Next

【题 5-26】答案：[1]sum　　　　[2]0　　　　　　　[3]sum + x 或 x + sum

【题 5-27】答案：[1]0　　　　　[2]Rnd 或 Rnd()　　[3]Mod

【题 5-28】答案：[1]Max = 0　　[2]Max = n　　　　 [3]- Min

答案解析：此题实际是求最大值和最小值问题。语句 Min=10 表示设 Min 为一个大数 10，如果 n < Min 为真，语句 Min = n 才必被执行，即实际输入的分数 n 与 Min 比较后 Min 才会被赋予新的数值。同理，填空[1]内容为 Max=0，表示设 Max 为一个较小数 0，语句 If n > Max Then Max = n 才必被执行，即实际输入的分数 n 与 Max 比较后 Max 才会被赋予新的数值。

第 6 章　常用标准控件

【题 6-1】答案：D

答案解析：复选框的 Value 属性有三个值，分别是 0—未选中、1—选中、2—禁止状态。

举一反三：单选钮也具有 Value 属性，但数据类型为逻辑型，即 True—选中，False—未选中。

【题 6-2】答案：A

答案解析：Value 属性决定单选钮是否被选中，Style 属性决定单选钮外观，Appearance 属性决定单选钮外观，Caption 属性决定单选钮的标题。

举一反三：很多控件的选取状态，都可以利用程序来改变。例如，复选框、单选钮、列表框、组合框等。

【题 6-3】答案：D

答案解析：计时器控件只在设计阶段显示，而运行时是不显示的，并且它也不具有 Visible 属性。

举一反三：计时器、公共对话框运行时也都不显示。

【题 6-4】答案：C

答案解析：当用鼠标拖动滑块时会连续触发 Scroll 事件，直到松开鼠标时停止。而当 Value 属性值每改变一次时（拖动滑块到目标位置后松开时，或单击一次两端箭头▲▼ 或 ◀▶改变滚动条内滑块的位置时），会触发一次 Change 事件。

【题 6-5】答案：D

【题 6-6】答案：C

答案解析：要想使用滚动条滑块的当前值来调整文本框中文字的大小，就要把滚动条滑块的当前值属性（Value）的值赋给文本框的字号属性（FontSize）。

【题 6-7】答案：A

答案解析：题目中移动滚动框将触发滚动条的 Change 属性，所以选项 B 和选项 D 可以先排除；另外，滚动条的当前值可以用 Value 属性来表示，在文本框中显示滚动条的当前值的语句应为：Text1.Text = HScroll1.Value，所以正确答案为选项 A。此题为 2004

年 9 月笔试考试试题。

【题 6-8】答案：A

答案解析：SmallChange 为用户单击滚动箭头时，滚动条控件的 Value 属性值的改变量；LargeChange 为用户单击滚动条和滚动箭头之间的区域时，滚动条的 Value 属性值的改变量。Value 为滚动条的当前值，Fast 属性不存在。

【题 6-9】答案：D

答案解析：当没有选定任何项目时，List1.ListIndex 为-1，因为列表项从 0 开始编号，所以执行 List1.RemoveItem List1.ListIndex 时出错。

举一反三：没有被选定的项目时，列表框和组合框的 ListIndex 属性都为-1。

【题 6-10】答案：C

答案解析：列表框的 Text 属性返回被选中列表项的文本内容，然后赋值给标签的标题属性 Caption。

【题 6-11】答案：B

答案解析：因列表的项目从 0 开始编号，所以，最后一个项目的序号应该为项目总数减 1。另外，ListCount 为列表框的一个属性，引用时必须加上对象名，所以正确的表示为 List1.ListCount-1。

【题 6-12】答案：B

【题 6-13】答案：C

【题 6-14】答案：B

【题 6-15】答案：C

答案解析：RemoveItem 只能删除一个项目，Clear 能删除所有项目，Cls 为清除窗体或图片框的方法。

【题 6-16】答案：C

答案解析：要在组合框增加项目，应使用 AddItem 方法。选项 A 的功能是使组合框的编辑域显示"计算机"。选项 D 错误是因为调用方法的语句格式不正确。

举一反三：列表框和组合框增加一个数据项的方法为 AddItem，删除一个数据项的方法为 RemoveItem。

【题 6-17】答案：A

答案解析：Columns 属性用来决定列表框是在一列中垂直滚动（这时值为 0）还是在多列中水平滚动（这时值大于 0）。此题为 2006 年 4 月笔试试题。

【题 6-18】答案：D

答案解析：计时器控件计时的时间间隔由 Interval 属性决定，当 Interval 为 0 时，计时器就停止计时。

举一反三：停止计时器计时的方法有两种，一种是使计时器的 Interval 属性值设置为 0，另一种是使计时器的 Enabled 属性值为 False。

【题 6-19】答案：C

答案解析：控制计时器控件时间间隔的 Interval 属性的单位为毫秒，而 0.25 秒等于 250 毫秒。

【题 6-20】答案：A

【题 6-21】答案：B

【题 6-22】答案：A

【题 6-23】答案：CC

答案解析：首先明确两点：①数据项的索引号就是数据项在列表框中的自然顺序号；②列表框的数据项从 0 开始编号。程序先执行 Form_Load 事件过程，执行后列表框中的数据项依次为 AA、BB、CC、DD、EE。当执行 Form_Click 事件过程时，列表框中数据项的变化情况如下。

```
List1.RemoveItem 1      '执行后，列表框中剩下 AA、CC、DD、EE
List1.RemoveItem 3      '执行后，列表框中剩下 AA、CC、DD
List1.RemoveItem 2      '执行后，列表框中剩下 AA、CC
List1.RemoveItem 0      '执行后，列表框中剩下 CC
```

【题 6-24】答案：4

答案解析：程序中的第一个循环执行后，组合框中的数据项为 0 1 2 3 4 5。当执行第二个循环时，组合框中的数据项变化情况如下，所以 Combo1.List(2) 的值为"4"。

```
当 i=1  删除了"1"，剩余 02345
当 i=2  删除了"3"，剩余 0245
当 i=3  删除了"5"，剩余 024
```

【题 6-25】答案：de

答案解析：程序先执行 Form_Load 事件过程，执行后 List1 中有四个选项，分别为 a、b、c、d。在文本框中输入"e"时，Text1 的 Text 属性被赋值为"e"。双击 List1 中的"d"时会选中此项，同时触发 List1_DblClick 事件过程。该过程中语句 M = List1.Text 使 M 赋值为"d"，语句 Print M + Text1.Text 把 M 的内容"d"和 Text1.Text 的内容"e"连接，然后打印到窗体上。

【题 6-26】答案：Label1.Caption=Time

答案解析：若让标签显示时间，必须把时间赋值给标签的 Caption 属性，而时间要用系统函数 Time 返回，所以需要执行 Label1.Caption=Time。

Time 函数只能返回调用它时的那一刻的时间，所以在本题中，把显示时间的语句放在计时器控件的 Timer 事件中，并把计时器控件的时间间隔设置为 1000（1 秒），这样，每隔 1 秒便触发一次 Timer 事件，即更新一次时间。

【题 6-27】答案：[1] Check1.Value=1 或 Check1=1
　　　　　　　　[2] Check2.Value=1 或 Check2=1

答案解析：本题中是两个分支结构，明显缺少两个分支条件（逻辑表达式）。从第一个双分支结构可以看出，当分支条件为真时，执行语句 Label1.FontBold = True，即把 Label1 设置为粗体；当条件为假时，取消粗体。所以应填写判断 Check1 是否选中的逻辑表达式，复选框的 Value 值为 1 时表示选中，逻辑表达式应为 Check1.Value=1。同理，第二个条件为 Check2.Value=1。

【题 6-28】答案：[1] n 或 100　　　　　[2] Rnd 或 Rnd()　　　　[3] K=k+1 或 k=1+k

第 7 章　数　　组

【题 7-1】答案：D

答案解析：此题考查的是数组的初始化。循环变量的初终值由取得数组下标下界值函数 LBound() 和取得数组下标上界值函数 UBound() 组成。数组有五个元素，下标由 0～4。当循环结束时 i 值为 5，用 Print 语句输出 a(i) 即 a(5) 时，会出现下标越界错误。

【题 7-2】答案：D

答案解析：选项 A 错在静态数组下标值不允许是变量；选项 B 错在 Dim 语句声明的数组维数不为空，而静态数组不能使用 ReDim 语句重定义；选项 C 错在重定义数组时，改变了第一次定义数组时的数据类型。动态数组 ReDim 语句中的下标可以是常量，也可以是有了确定值的变量。

【题 7-3】答案：C

答案解析：此题考查的是多重循环和数组元素的输入、输出和复制。此程序功能为数组中首尾元素的交换。在第一个循环中，循环变量值的变化为由 1 到数组下标的中间值（元素个数整除 2），然后利用中间变量 t 将数组第一个元素与最后一个元素交换，第二个元素与倒数第二个元素交换，以此类推。

【题 7-4】答案：A

答案解析：题中定义的数组 a() 为动态数组，ReDim a(3,2) 后为数组赋值，再次使用 ReDim 语句时使用了 Preserve 选项，则原数组元素的值保留，所以元素 a(3, 2) 中值仍然为 8，a(3, 4) 的值为 13。

【题 7-5】答案：B

答案解析：此题是 2008 年 4 月计算机二级真题。程序中用二维数组 score(4,3) 存放了四个学生三门课程的考试成绩，若想求每个学生的总分，即求二维数组每行元素的和，而内循环则表示求每行元素的和，因此语句 sum=0 应在内循环开始前的位置。

【题 7-6】答案：A

答案解析：单选钮控件数组中所有控件共享同一事件过程，即 Click 事件过程。控件数组中各控件通过标索引值（Index）来标识，第一个下标索引号为 0，第二个下标索引号为 1，以此类推。

【题 7-7】答案：B

答案解析：此题考查的是为数组元素赋值并显示。定义数组 a(4) 和变量 i 为字节型，字节型数据范围不会超过 255。a(0) 为 1，a(1) = a(0) + 1，即为 2；a(2) = a(1) + 2，即为 4…，以此类推，数组的元素值可根据其前一个元素值求得。

【题 7-8】答案：A

答案解析：此题考查的是二维数组元素赋值并显示问题。程序中应用双重循环为二维数组赋值，外循环变量 i 表示数组的第一维坐标，内循环变量 j 表示数组的第二维坐标。当 i = j 为 1 时，输出 a(4,4) 的值，而此时 a(4,4) 还未被赋值，因此输出 0；当 i = j 为 2 时，输出 a(3,3) 的值，同样 a(3,3) 也未被赋值，因此输出 0；当 i = j 为 3 时，输出 a(2,2) 的值，此时 a(2,2) 已被赋值为 4，因此输出 4；当 i = j 为 4 时，输出 a(1,1) 的值为 2。

【题 7-9】答案：[1]arr1(1)　　　　　　[2]min=arr1(i)

【题 7-10】答案：13579

答案解析：此题考查的是数组的初始化。用 Array 函数将 1、3、5、7、9 这五个数值赋给了变量 a，此后，a 就成了具有五个元素的一维数组。在 For 循环中：

```
第一次循环结束时，s =9,          j = 10;
第二次循环结束时，s =79,         j = 100;
第三次循环结束时，s =579,        j = 1000;
第四次循环结束时，s =3579,       j = 10000;
第五次循环结束时，s =13579,      j = 100000;
```

【题 7-11】答案：[1]6　　　　[2]i　　　　[3]a(i, j) = 0

答案解析：此题考查二维数组的赋值与输出问题。程序应用二维数组存储二维矩阵的各个元素值并输出。通常应用双重循环为二维数组赋值，外循环变量 i 表示二维矩阵的行数，内循环变量 j 表示二维矩阵的列数。多分支语句的第一分支语句 Case Is < j，即 Case i < j 表示矩阵的上三角；多分支语句的第二分支语句 Case Is > j 表示矩阵的下三角；多分支语句的第三个分支语句 Case Is = j 表示矩阵的对角线。

【题 7-12】答案：[1] Index　　　　[2] FontName

答案解析：单选钮控件数组中所有控件共享同一事件过程，即 Click 事件过程。控件数组中各控件通过标索引值（Index）来标识，索引号依次为 0，1，2。

第 8 章　过　　程

【题 8-1】答案：B

答案解析：子过程 Sub…End Sub 的形式参数只能是简单变量、数组变量和数组元素，不允许有运算式、常数。

【题 8-2】答案：A

答案解析：程序运行后，单击窗体，执行过程 Form_Click()事件过程。当执行到 Call p(a, b)语句时，调用通用过程 p。由于通用过程 p 的形参 x 的前面有关键字 ByVal，这表明形参 x 是按值传递参数，即在过程中 x 的值变化并不影响实参 a 的值，而对形参 y 是按地址传送参数，y 值的变化要影响 b 的值。

【题 8-3】答案：A

答案解析：调用 Test 过程时，实参数值"6"和表达式"b + 1"均为值传递，而只有 a 为地址传递，也只有 a 有返回值。

【题 8-4】答案：C

答案解析：Static 用于在过程中定义静态变量及数组变量，如果用 Static 定义了一个变量，则每次引用该变量时，其值会使用原来保留的值。

【题 8-5】答案：D

答案解析：此题考查的是转换函数和字符串函数。Click 事件过程中，变量 a、b 为长整型变量，当单击窗体时，程序将在 InputBox 框中输入的数值 123456 赋给变量 a，变量 b 的值为 0，然后调用 P 函数，将 a、b 传给 x、y。可以看出，P 函数的功能是将调用过程传递过来的数值 x 反序显示。执行过程为，将变量 x 转换为字符串、去空格、取长度，然后赋值给 k（值为 6）；利用 For 循环将 x 中数值反序，其执行过程如下。

```
i=6  j=Mid(x,i,1)=Mid("123456",6,1)="6"  s=s+j="6"
i=5  j=Mid(x,i,1)=Mid("123456",5,1)="5"  s=s+j="6"+"5"="65"
i=4  j=Mid(x,i,1)=Mid("123456",4,1)="4"  s=s+j="65"+"4"="654"
i=3  j=Mid(x,i,1)=Mid("123456",3,1)="3"  s=s+j="654"+"3"="6543"
i=2  j=Mid(x,i,1)=Mid("123456",2,1)="2"  s=s+j="6543"+"2"="65432"
i=1  j=Mid(x,i,1)=Mid("123456",1,1)="1"  s=s+j="65432"+"1"="654321"
```

循环结束后，通过 Val 函数将 s 转换为数值赋给 y。最后，将 y 传回给 b 并输出。

【题 8-6】答案：D

答案解析：程序运行后，单击按钮，执行过程 Command1_Click()事件过程。当执行到 Call fun (a, b)语句时，调用通用过程 fun。此处实参 x 和形参 a 的传递方式是传址，而实参 y 和形参 b 的传递方式是传值，因此实参 x 和形参 a 的值一致为 20，而实参 y 不变仍为 20。

【题 8-7】答案：D

答案解析：此题考查的是函数的定义及使用。单击命令按钮运行主程序后，语句 s=P(4) + P(3) + P(2) + P(1)表示调用 P 函数四次，参数分别为 4，3，2，1。可以看出函数 P 的作用是求 1～N 的累加和，需要注意的是变量 Sum 是静态变量，每次运行后都保留上次运行结果。因此，P(4)是 1，2，3，4 的和结果为 10；P(3)是 10，1，2，3 的和结果为 16；P(2)是 16，1，2 的和结果为 19；P(1)是 19，1 的和结果为 20；最后 s 为 65。

【题 8-8】答案：B

答案解析：连续三次单击命令按钮，也就调用三次 Tt 过程，需要注意的是变量 x 是静态变量，每次运算要保留上次运算结果。第一次调用过程 Tt，x=0*3+1，结果为 1；第二次调用过程 Tt，x=1*3+1，结果为 4；第三次调用过程 Tt，x=4*3+1，结果为 13。

【题 8-9】答案：A

答案解析：此题是 2008 年 4 月真题，考查的是控件作为过程的参数进行传递。"形参表"中形参的类型通常为 Control 或 Form。此题中自定义过程 display 的形式参数 x 类型为 Control，在实际调用中实际参数对应的分别为 Label1 标签类型和 Picture1 图片框类型。

【题 8-10】答案：[1]n As Integer　　　　[2]Static j As Integer 或 Static j %

答案解析：程序运行后，单击窗体，执行 Form_Click()过程。该过程内有一个 For…Next 循环，要循环五次。

第一次循环，调用函数过程 Sum，此时实参 i 的值是 1，赋值给形参 n 后，窗体显示的值是 1。

第二次循环，调用函数过程 Sum，此时实参 i 的值是 2，赋值给形参 n 后，执行函数过程 Sum，该函数过程执行结束后，返回值是 1 + 2 的和 3，故第二次循环后，窗体显示的值是 3。

同理，第三次循环结束后，窗体显示的值是 1 + 2 + 3 的和 6，第四次循环结束后，窗体显示的值是 1 + 2 + 3 + 4 的和 10，第五次循环后，窗体显示的值是 1 + 2 + 3 + 4 + 5

的和 15。

【题 8-11】答案：[1]n(m)　　　　[2]p*m　　　[3] n=p

答案解析：此题考查的是自定义函数的定义及使用。很显然，自定义函数 n 功能是求 k!，而在 Form_Click 事件过程中 s = s + 1 / p 表示求某个数倒数的累加和，形式与题目要求相同，故 p 应是求阶乘的结果。因此，空[1]为调用函数 n，即 p= n(m)。

第 9 章　图 形 操 作

【题 9-1】答案：B

【题 9-2】答案：D

【题 9-3】答案：C

【题 9-4】答案：C

【题 9-5】答案：B

相关知识：形状控件通过设置 Shape 属性值分别为 0、1、2、3、4、5，可以显示矩形、正方形、椭圆、圆、圆角矩形及圆角正方形。

【题 9-6】答案：C

相关知识：如果图片文件 mypic.jpg 和本工程文件在同一文件夹里，那么在程序中可以使用相对路径来加载图片，即 Picture1.Picture=LoadPicture("mypic.jpg")，也可以使用绝对路径加载图片。

【题 9-7】答案：B

相关知识：在窗体、图片框、图像框、命令按钮等控件上显示图片的方法有两种：一种是在设计阶段设置 Picture 属性；一种是在程序中用 LoadPicture 函数加载图片。

答案解析：在程序代码中要清除图片框中的图形，应使用 LoadPicture 函数。该函数的功能是根据参数（路径及文件名）找到图片，并把图片显示到图片框上，例如，Picture1.Picture=LoadPicture("D:\pic\123.bmp")。如果参数为空（不提供路径及文件名），则该函数会清除图片框中的图片，所以答案为 B。

【题 9-8】答案：A

相关知识：图片框的属性。

答案解析：正常情况下，图片按原始尺寸显示在图片框中，如果图片框比图片小，则只能显示图片的一部分；如果图片框比图片大，则图片框上多余的空间就会被浪费。图片框的 AutoSize 属性解决了这个问题，如果把 AutoSize 属性设置为 True，那么图片框的尺寸就会自动变化以适应图片的大小。

举一反三：与图片框的 AutoSize 属性类似，图像框也有个属性为 Stretch，但当 Stretch 属性为 True 时图片大小自动适应图像框的大小，适应的方向和图片框相反。

【题 9-9】答案：C

相关知识：Picture 属性设置的背景图案要用 LoadPicture 函数清除，清除控件要设置 Visible 属性为 False 或用 Unload 方法实现。

答案解析：Cls 方法只可以清除 Print、Pset、Line、Circle 等方法显示的文字和图形。

【题 9-10】答案：B

答案解析：只有窗体和图片框具有 Cls 方法。

举一反三：其他绘图方法，例如，Pset、Line、Circle 等都是窗体和图片框独有的。

【题 9-11】答案：A

答案解析：Circle 可以画圆也可以画椭圆，当画椭圆时要提供第六个参数，该参数决定椭圆高宽的比题，例如，Picture1.Circle (1000, 1000), 500, … 1 / 3。

【题 9-12】答案：[1] Image1.Height   [2] Form1.ScaleHeight
                         [3] Form1.ScaleWidth

答案解析：放大或缩小图片是改变图像框的 Height 和 Width 属性，每单击一次按钮就增加或减少一定的数值，是自身属性值的递增或递减。全屏显示时图像框与窗体的高度和宽度相同，所以此时把窗体的高度和宽度属性值赋值给图像框。

【题 9-13】答案：[1] Shape1.Width   [2] Line1.X1 或 Line1.X2

答案解析：Shape 控件的左右运动通过改变其 Left 属性值实现，要使其在 Line1 与 Line2 之间运动，其 Left 属性值应大于或等于 Line1.X1（或 Line1.X2），其 Left 属性值加上自身的宽度应小于或等于 Line2.X1（或 Line2.X2）。

第 10 章　键盘与鼠标事件

【题 10-1】答案：B

答案解析：此题考查键盘事件，当按下键盘上的某个键或松开某个键时，将触发 KeyDown 事件或 KeyUp 事件，如果有按键发生时，将会触发 KeyPress 事件，其中 KeyPress 事件能检测的按键有 Enter 键、Tab 键、Backspace 键，以及标准键盘的字母、数字和标点符号键。因此选项 B 错误。

【题 10-2】答案：A

答案解析：VB 中的键盘事件按操作的顺序依次为 KeyDown、KeyPress、KeyUp。

举一反三：除了图形、线等少数控件不支持键盘事件外，多数控件都支持键盘事件。

【题 10-3】答案：D

答案解析：Shift 参数值是一个整型数，它表明某个鼠标事件发生时，键盘上的哪些控制键被按下：1 表示 Shift 键；2 表示 Ctrl 键；4 表示 Alt 键。Ctrl 和 Alt 键被同时按下，Shift 参数等于 6（2+4）。Button 参数值也是一个整型数。参数的值反映事件发生时按下的是哪个鼠标键。1 表示左键；2 表示右键；4 表示中键。

【题 10-4】答案：C

答案解析：KeyDown 和 KeyUp 都有两个参数，即 KeyCode 和 Shift，KeyCode 是按键大写形式的 ASCII 码。如果敲击 "A" 键时，KeyCode 为 65，Chr 函数为将 ASCII 码转换为相应的字符，Chr(KeyCode+2)对应字符为 "C"，因此输出结果应为 AC。

【题 10-5】答案：B

答案解析：由于窗体的 MouseUp 事件将 Flag 设置为 True，因此 Print f(intNum)能够执行。Function 过程的形参为 5，可以得到该过程的返回值为 5，因此程序的输出结果是 5。

【题 10-6】答案：C

【题 10-7】答案：[1] Combo1.List(i) [2] AddItem

答案解析：本程序是循环内嵌套一个分支的结构。Combo1.ListCount–1 表示列表中最后一项的序号，循环结构用来把输入的新项和列表中所有的选项进行比较，所以第一个空应填入 Combo1.List(i)。如果和列表中的已有选项不同，就利用 AddItem 方法添加该新项。

【题 10-8】答案：ABCDE

答案解析：无论输入的是大写还是小写字母，KeyDown 事件接收的都是大写字母。当输入 efghi 时，其实接收的是 EFGHI 的 ASCII 码。程序中 Chr(KeyCode-4) 的作用是把接收的字母的 ASCII 码减 4，然后转变为对应的字母，例如，当输入 E 时，KeyCode 的值为 65，减 4 之后再转变为字母 A。同理，当分别输入 fghi 时，分别被转换为 BCDE。因此，Text2 中的值为 ABCDE。

【题 10-9】答案：AAA

答案解析：当输入 "a" 后，参数 KeyAscii 接收的值为 97，第三行中用函数 Chr 把 97 转变为字符 "a"，再用函数 UCase 把 "a" 转变为 "A"，所以变量 c 被赋值为 "A"。第四行中将参数 KeyAscii 重新赋值为 "A" 的 ASCII 码 65，所以在文本框中输入的 "a" 变成 "A"。第五行中又用 String 函数产生了两个 "A" 追加到文本框中 "A" 的末尾。因此，Text1 中为 "AAA"。

【题 10-10】答案：上海

答案解析：当单击左键后，参数 Button 的值为 1，在第二行变为 2，接下来在多重分支结构中执行了 Case 2 中的语句，显示结果为上海。

举一反三：鼠标事件 MouseDown、MouseMove、MouseUp 的事件过程中都具有 Button 参数。左、中、右键对应的 Button 参数值为 1、4、2。

【题 10-11】答案： **** ####

答案解析：先发生 MouseDown 事件，后发生 MouseUp 事件，所以先后输出 "****"、"####"。

【题 10-12】答案：ABCD

答案解析：该题中出现了三个内部函数：UCase、Left 和 Chr，其功能分别是转换为大写字母、取左边的字符和求取 ASCII 字符。代码的功能是将字符串转换成大写字母形式后取最左边的四个字符，并将字符输出。此题为 2006 年 4 月笔试试题。

第 11 章 菜单程序设计

【题 11-1】答案：D

答案解析：VB 中打开菜单编辑器的方法有选项 A、选项 B 和选项 C 的操作，还有一种方法是按 Ctrl+E 组合键。注意：菜单编辑器只能在工程的设计阶段打开，运行或者中断状态下不能使用。

【题 11-2】答案：A

答案解析：菜单名称是在程序代码中引用菜单控件时使用的名称，菜单标题是显示在菜单项上的字符串。

【题 11-3】答案：A

答案解析：菜单的标题属性（Caption）可以设置为相同，名称属性（Name）一般设置为不同的名称。但是，同一子菜单内的菜单项如果设置了索引属性（Index），即将菜单项设置为控件数组，菜单项的名称就可以设置为相同了。

【题 11-4】答案：A

相关知识：若菜单项前面没有内缩符号"…"，表示该菜单项是主菜单项，也称为顶级菜单。有一个内缩符号表示该菜单项是一级菜单项，有两个内缩符号表示该菜单项是二级菜单项。

【题 11-5】答案：B

相关知识：访问键指运行程序时，菜单项中加上了下划线的字母。执行程序时按Alt 键和加了下划线的字母键。就可以选择相应的主菜单项，相当于主菜单项的快捷键。编辑菜单时，要在标题属性中，将字母前加"&"符号。

【题 11-6】答案：A

相关知识：左右箭头用于调整菜单项的级别，单击右箭头产生内缩符号，表示将建立下一级菜单；单击左箭头删除内缩符号。上下箭头用于调整菜单项的位置。

【题 11-7】答案：D

答案解析：菜单项的快捷键、标题和索引都不是必须输入的，只有名称是必须输入的，并且要有效。

【题 11-8】答案：B

答案解析：菜单项只有一个 Click 事件，没有其他事件。菜单项的快捷键只能选择菜单编辑器中默认的设置，不能任意设置，例如，Ctrl+Alt+O 不能作为快捷键。

【题 11-9】答案：A

相关知识：Caption 属性设置显示在菜单控件上的字符，热键就是访问键。在设计菜单时，只要在该属性中加入一个由"&"引导的字母即可为相应的菜单项设置访问键。

【题 11-10】答案：A

答案解析：为菜单项设置访问键，要在其标题属性中进行设置。&符号后的第一个字符为该菜单项的访问键。

【题 11-11】答案：D

相关知识：Enabled 属性的值为逻辑型。为 True 时，表示菜单项可用；为 False 时，表示菜单项不可用，运行该菜单项呈灰色不可用状态。Visible 属性的值也为 Boolean 型。为 True 时，表示菜单项可见；为 False 时，表示菜单项不可见。

【题 11-12】答案：B

【题 11-13】答案：B

相关知识：在菜单编辑器中取消菜单项的"有效性"复选框，即可以使菜单项禁止使用（变为灰色），被禁止使用的菜单项并不会被删除，在程序中如果设置该菜单项的Enabled 属性为 True，即可恢复该菜单项的使用。如果将某一子菜单内的菜单项设置为控件数组，可以使用 Load 和 Unload 命令实现菜单项的增加和减少。另外，可以通过控制菜单项的 Visual 属性实现显示或者不显示某菜单项。

【题 11-14】答案：D

相关知识：建立弹出式菜单分以下两步进行：

（1）用菜单编辑器建立菜单，并把主菜单项的 Visible 属性设置为 False。

（2）用 PopupMenu 方法弹出显示。要将此方法加入对象的 MouseDown 事件过程中。

答案解析：选项 A 中的 Print 方法用来输出数据，选项 B 中 Move 方法用来移动控件的位置，选项 C 中的 Refresh 方法用来强制重绘一个窗体或控件。

【题 11-15】答案：C

答案解析：PopupMenu Popform 的作用是弹出一个菜单，Popform 是在菜单编辑器中定义的弹出式菜单的名称，X、Y 指明鼠标的当前位置，Button=1 表示按下的是鼠标左键，Button=2 表示按下的是鼠标右键。

【题 11-16】答案：C

相关知识：在代码中设置菜单属性的格式为：菜单项名称.Enabled=True | False。

答案解析：在定义好的菜单中，每一个菜单项都是一个独立的控件对象，在设置它的属性值时可以直接引用。将 Enabled 属性的值设置为 False，可以使菜单项不可用。

【题 11-17】答案：C

答案解析：每个菜单项就是一个独立的控件对象，在设置属性时可以直接引用。Checked 属性的值为 True 时，表示在菜单项前加"√"标记；为 False 时，表示菜单项前无"√"标记。

【题 11-18】答案：B

相关知识：用 PopupMenu 方法显示一个弹出式菜单，若省略所有可选参数，运行程序时，默认为在窗体任意位置单击左键或右键弹出此菜单。

答案解析：选项 A 无法弹出菜单，选项 C 实现按下左键时弹出菜单，选项 D 实现按下右键时弹出菜单。

【题 11-19】答案：C

答案解析：同一个子菜单中的菜单项可以设置为控件数组，其索引号起始值不作要求，也可以不连续，但是各菜单项的索引号要升序排列。

【题 11-20】答案：减号 或 "-"

答案解析：为使菜单项显示分隔线，设计时，应将该菜单项标题设为减号。

【题 11-21】答案：[1]下拉式　　　　[2]弹出式

【题 11-22】答案：编辑区

相关知识：菜单编辑器窗口由三部分组成：数据区、编辑区和菜单项显示区。数据区用来设置属性，输入或修改菜单项；编辑区共有七个按钮，对输入的菜单项进行编辑；菜单项显示区位于菜单设计窗口的下部，用来显示输入的菜单项。

【题 11-23】答案：[1]Caption　　　　[2]Name　　　　[3]Index
　　　　　　　　　[4]Check　　　　[5]Enabled　　　　[6]Visible

【题 11-24】答案：[1]Text1.Text + a　　　　[2]False　　　　[3]False
　　　　　　　　　[4]Text1.Text = ""　　　　[5]a = ""

【题 11-25】答案：[1]Button = 2　　　　[2] False
　　　　　　　　　[3]Text1.FontName = "隶书"
　　　　　　　　　[4]PopupMenu textformat

第 12 章 文 件

【题 12-1】答案：C

答案解析：VB 中常用的文件扩展名有工程文件（.vbp）、工程工作区文件（.vbw）、窗体文件（.frm）、窗体二进制文件（.frx）、标准模块文件（.bas）、类模块文件（.cls）和可执行文件（.exe）。

【题 12-2】答案：B

答案解析：字符是构成文件的最基本单位，字段是由若干字符组成的一项数据，记录是由一组相关的字段组成的信息。

【题 12-3】答案：A

答案解析：根据文件存储数据的性质，文件可分为程序文件和数据文件；根据数据存取方式和结构，文件可分为顺序文件和随机文件；根据数据的编码方式，文件可分为ASCII 码文件和二进制文件。

【题 12-4】答案：C

答案解析：VB 中要使用文件，必须首先用 Open 语句打开，文件打开后才可以进行文件的读、写操作，文件使用完毕，必须用 Close 语句关闭；否则，有可能丢失数据。文件关闭后，所占用的内存将被释放。

【题 12-5】答案：C

【题 12-6】答案：D

答案解析：Close 语句缺省文件号时，表示关闭所有文件，要关闭指定文件须在此语句后加上相应的文件号。

【题 12-7】答案：B

答案解析：在引用文件之前需将其打开。用 Open 语句可以打开随机文件、顺序文件和二进制文件，文件号是 1～511 之间整数，不能是字符表达式；使用 For Output 或者 For Append 参数都可以建立新文件。

【题 12-8】答案：C

答案解析：Open 语句可以打开或者建立一个文件。存取方式和记录长度等参数可以省略，但文件名和文件号为必须指定的参数。

【题 12-9】答案：A

答案解析：选项 B 将 C 盘根目录下的 Telbook.txt 以读入方式打开，选项 C 将在 C 盘根目录下创建 Telbook.txt 文件，选项 D 将当前目录下的 Telbook.txt 以读入方式打开。只有选项 A 可以在当前目录建立文件。

【题 12-10】答案：B

答案解析：以 Input 方式打开的顺序文件只能读，且必须是磁盘上已经存在的文件；以 Output 方式打开的顺序文件，只能写。若无此文件，则自动建立。

【题 12-11】答案：B

答案解析：Write 语句和 Print 语句的主要区别是：用 Write 语句向文件写入的数据，在数据项之间自动插入逗号；若为字符串数据，则给字符串加上双引号。

【题 12-12】答案：B

答案解析：顺序文件的存储顺序与读取顺序一致，即记录的写入顺序与读出顺序相一致。用 Open 命令打开文件时，要给文件指定一个未被占用的文件号。Input 或 Line Input 语句用来从顺序文件向内存读取数据。Append 方式以写方式打开文件，不能进行读操作。

【题 12-13】答案：D

答案解析：顺序文件占用磁盘空间小，访问灵活性差；随机文件访问数据速度快，占用磁盘空间大。由于随机文件与顺序文件结构不同，因此它们的操作有很大的区别。

【题 12-14】答案：C

答案解析：如果未指定打开方式，则以 Random 方式打开文件。

【题 12-15】答案：C

答案解析：随机文件的每个记录的长度是固定的，而且都有一个唯一的记录号，对文件中记录的读写可根据记录号直接完成。随机文件存取灵活、但结构比顺序文件复杂。

【题 12-16】答案：C

答案解析：上述语句用来打开随机文件，以 Random 方式打开的文件，既可以读，也可以写。

【题 12-17】答案：C

答案解析：随机文件中记录的不同字段，通常具有不同的类型，为了便于记录的读写操作，通常在程序设计时，定义相应的记录类型（用户自定义类型）变量。

【题 12-18】答案：A

答案解析：EOF 函数用来测试文件是否结束，返回值为逻辑值。LOF 函数返回文件包含的字节数。END 为结束语句，CLOSE 为关闭文件的语句。

【题 12-19】答案：A

答案解析：当用 Open 语句以写方式打开文件时，若磁盘上无此文件，则自动建立。

【题 12-20】答案：C

答案解析：Put 的作用是将变量的内容写入随机文件的指定记录中；Get 语句用来将随机文件中指定记录的内容读出到变量中；而 Write 语句用来将数据添入顺序文件中。

【题 12-21】答案：B

答案解析：在使用随机文件时，要根据文件中记录的字段类型定义自定义类型，然后将变量定义为该种自定义类型数据后，利用变量来读取或者写入随机文件。

【题 12-22】答案：D

答案解析：自定义类型可以写在窗体的通用声明处；对文件进行写操作时，如果指定的文件不存在，会自动创建一个；Put 语句不指定记录号时向当前记录写。

【题 12-23】答案：A

答案解析：改变驱动器列表框的 Drive 属性，则将触发的 Change 事件。

【题 12-24】答案：A

【题 12-25】答案：D

答案解析：FileName 属性用来返回某个选定的文件名（不包括路径）。当用户双击文件列表框中的文件时，即将该文件名赋给该属性。

【题 12-26】答案：A

【题 12-27】答案：A

答案解析：只有文件列表框具有 FileName 属性。

【题 12-28】答案：C

答案解析：DriveListBox 是驱动器列表框，当驱动器盘符改变时发生 Change 事件；DirListBox 是目录列表框，当改变目录（文件夹）时发生 Change 事件；TextBox 是文本框，当输入或者删除文本框内文本，即文本框内容发生改变时发生 Change 事件；只有文件列表框 FlieListBox 没有 Change 事件。

【题 12-29】答案：[1] Input   [2] Close 1 或 Close #1

【题 12-30】答案：[1] Open App.Path & "\telbook.txt" For Input As #1

          [2] Input #1, xm, num, pos

【题 12-31】答案：[1] 13   [2] "END"

【题 12-32】答案：[1] Input As #1   [2] Input #1,indata

【题 12-33】答案：[1] EOF(1)   [2] text1.text(或 whole$)

【题 12-34】答案：[1] EOF(1)   [2] whole$或 whole

【题 12-35】答案：[1] Dir1.Path=Drive1.Drive   [2] File1.Path=Dir1.Path

第 13 章　通用对话框设计

【题 13-1】答案：C

答案解析：VB 的对话框分为三种：预定义对话框、自定义对话框和通用对话框。执行 InputBox 语句或函数、MsgBox 语句或函数，弹出的对话框属于系统预定义对话框。文件对话框属于通用对话框，是"打开"和"另存为"对话框的统称。

【题 13-2】答案：B

答案解析：InputBox 函数用来接收并返回用户的输入信息，不具有输出信息的功能。

【题 13-3】答案：C

答案解析：模式对话框是指打开对话框后，必须关闭对话框才能继续执行应用程序的其他部分。无模式对话框是指打开对话框后，该对话框不必关闭仍可继续执行其他操作。执行 MsgBox 语句后，弹出的对话框用来显示消息，不能接收和返回用户输入的信息。此对话框为模式对话框。例如，VB 中"部件"对话框、"工程属性"对话框，"菜单编辑器"对话框等都是模式对话框，打开以后不能在其他位置进行操作；"查找"、"替换"等对话框是无模式对话框，打开后可以进行其他操作。

【题 13-4】答案：C

答案解析：使用"工程|部件"命令或者右击工具箱，选择"部件"命令，打开"部件"对话框可以选择通用对话框控件。

【题 13-5】答案：B

答案解析：CommonDialog 控件添加到窗体后，显示相应的对话框的方法有两个，通过设置 Action 属性或调用 Show 方法，无论哪一种方法都是在程序设计阶段通过代码来完成的，而不能属性窗口设置。

【题 13-6】答案：C

答案解析：通用对话框是 VB 提供的标准对话框界面，包括打开、另存为、颜色、字体、打印、帮助等六种对话框，利用 CommonDialog 控件可以显示这六种对话框。

【题 13-7】答案：C

【题 13-8】答案：C

答案解析：ShowOpen 方法只能显示"打开"对话框，并不能真正打开一个文件，它仅仅提供一个打开文件的用户界面，供用户选择路径和要打开的文件，打开文件的具体工作还是要编写程序来完成。一个通用对话框控件可以通过不同的方法显示为不同的对话框，所以选项 B 是正确的。

【题 13-9】答案：A

答案解析：DialogTitle 属性决定通用对话框标题，可以是任意字符；FileName 属性值设置或返回用户所选定的文件名，包括路径名；FileTitle 属性用于返回或设置用户所要打开文件的文件名，它不包含路径；FontName 属性返回用户所选定的字体名称；DialogTitle 属性可以在属性窗口中设置，也可在过程中用代码设置，但是要写在对话框打开之前。

【题 13-10】答案：D

答案解析："打开"和"另存为"对话框中的 FileName 属性是含有盘符、绝对路径和文件名的完整字符串，所以只有选项 D 正确。

【题 13-11】答案：B

答案解析：CommonDialog1.Action = 4 的作用是显示"字体"对话框，方法 ShowFont 也是显示"字体"对话框。

【题 13-12】答案：A

相关知识：通用对话框文件类型的过滤。

答案解析：在建立"打开"或"保存"文件对话框时，需要设置通用对话框的 Filter 属性，即把文件类型描述字符串赋值给 Filter 属性。其格式为：

```
description1|filter1|description2|filter2…
```

其中，description 是文件类型说明，filter 是过滤字符串，discription 和 filter 必须成对出现，并且之间由"|"分隔开，文件类型描述字符串中可以有多组 description|filter，每组之间也由"|"隔开。

例如，"文本文件｜*.txt｜word 文档｜*.doc｜位图(bmp) ｜*.bmp"，可以过滤出三种文件类型。本题只描述一类文件，所以正确答案为 A。

【题 13-13】答案：A

【题 13-14】答案：B

相关知识：通用对话框文件类型的过滤。

答案解析：事件过程中第二条语句的作用使"打开"对话框可以显示三种类型的文件，默认情况下显示第一种类型，但第三条语句把 FilterIndex 属性设置为 2，这样首先显示第二种文件类型。所以在本题中，显示的是 Text Files(*.Txt)。文件对话框的 Flags 设置为 4 表示对话框界面上隐藏"只读"复选框。

【题 13-15】答案：B

答案解析：CD1.Flags = cdlOFNHideReadOnly 设置通用对话框不显示"只读"复选框。

【题 13-16】答案：[1]Color　　　　　　　　[2]ShowFont 或 Action = 4

答案解析："颜色"对话框 CD1 的属性 Color 返回选定的颜色值，再赋值给 Label1 的 ForeColor 前景颜色属性，文字的颜色就变成了所选的颜色。弹出"字体"对话框有两种方法，即 ShowFont 或 Action = 4。

【题 13-17】答案：[1]CD1.FileName　　　　[2]ch 或者 ch$

参 考 文 献

龚沛曾，等．2001．Visual Basic 程序设计简明教程[M]．北京：高等教育出版社．

教育部考试中心．2003．全国计算机等级考试二级考试参考书——Visual Basic 语言程序设计[M]．北京：高等教育出版社．

刘立群，等．2007．可视化程序设计 Visual Basic 教程[M]．北京：中国铁道出版社．

刘立群，等．2007．可视化程序设计 Visual Basic 教程实训[M]．北京：中国铁道出版社．

刘瑞新，等．2004．Visual Basic 程序设计[M]．北京：机械工业出版社．

沈大林，等．2004．Visual Basic 编程篇[M]．北京：电子工业出版社．

沈祥玖，等．2006．Visual Basic 程序设计实训教程：题解、实训、样题解析[M]．北京：高等教育出版社．